本书受上海交通大学设计学院著作出版资助

# 用户洞察

## 认知、行为与体验的心理奥秘

刘春荣 何其昌 等 著

# User Insight

## The Psychological Mysteries of Their Cognition, Behavior and Experience

## 内容提要

本书围绕人们日常生活和工作中多样化的热点场景，展现了丰富而详实的用户洞察前沿研究案例，采用决策实验室法(DEMATEL)和统计分析法等相结合的实证研究方法，清晰地揭示出人们在特定场景下认知、行为、体验背后的问题结构，分析其影响机制并提出针对性的对策和措施建议。

本书以“人的因素”研究为重心，为读者提供极具价值的分析方法和生动案例参考，有助于读者在自己的研究和实践活动中，以系统化视角清晰而准确地把握和找到所面临问题的关键抓手与有效路径。本书可供设计学、管理学、心理学和工程学等领域的研究者、实践者及相关专业的研究生阅读参考。

**图书在版编目(CIP)数据**

用户洞察：认知、行为与体验的心理奥秘/刘春荣等著. —上海：上海交通大学出版社，2023.11

ISBN 978-7-313-29885-0

Ⅰ.①用… Ⅱ.①刘… Ⅲ.①设计学 Ⅳ.①TB21

中国国家版本馆 CIP 数据核字(2023)第 225702 号

**用户洞察**——认知、行为与体验的心理奥秘

YONGHU DONGCHA—— RENZHI、XINGWEI YU TIYAN DE XINLI AOMI

著　　者：刘春荣　何其昌 等

出版发行：上海交通大学出版社　　地　　址：上海市番禺路 951 号

邮政编码：200030　　电　　话：021-64071208

印　　制：上海万卷印刷股份有限公司　　经　　销：全国新华书店

开　　本：710mm×1000mm　1/16　　印　　张：13.5

字　　数：225 千字

版　　次：2023 年 11 月第 1 版　　印　　次：2023 年 11 月第 1 次印刷

书　　号：ISBN 978-7-313-29885-0

定　　价：68.00 元

## 本书撰写人员

（以姓氏笔画数为序）

牛　爽　方　颖　尹静一　朱泽世

刘春荣　李　鑫　肖含月　何其昌

张晨琪　陈　琳　邵　文　赵薇淇

胡　睿　施雨纯　翁铭韩　曹一丹

龚雯煊　粘朝慧　韩　熙

# 前 言

决策实验室法（Decision-Making Trial and Evaluation Laboratory，DEMATEL）是一种系统科学方法论，运用图论和矩阵工具进行系统分析。它最初由 A. Gabus 和 E. Fontela 两位学者于 1971 年提出，至今一直被世界范围内众多学科领域的研究人员用来探索复杂系统或问题的内在结构。笔者近二十年来也长期将该方法运用于自己的学术和科研工作中，指导多位研究生使用该方法展开其学位论文研究。

“人的因素”是设计学、管理学、心理学、工程学等领域学术研究和实践活动中涉及的重要因素。本书展现了以决策实验室法为主要工具、新近完成的十七个用户洞察实证研究案例；这些研究案例借助决策实验室法长于全面地揭示系统或问题的内在结构的优势和特点，即通过分析系统或问题的任意两个要素之间的逻辑和影响关系，发现系统或问题中要素间的因果关系和每个要素所处的地位，从而帮助看清系统或问题结构，发现起支配作用的关键要素，找到解决问题的抓手与路径。具体地说，本书案例使用决策实验室法时，采用了如下几个主要步骤：①确定影响系统或问题的要素，通过用户调研或专家访谈等途径量化要素之间的影响作用和强度，得到直接关系矩阵；②通过归一化处理得到标准化直接关系矩阵；③进行矩阵运算，得到直接/间接关系矩阵；④计算得到各个要素的影响度、被影响度、中心度、原因度等指标的值；⑤绘制因果图，直观表达系统或问题结构及其主要信息；⑥结合系统或问题所涉及的领域知识，借助直接/间接关系矩阵和因果图蕴含的信息进行深入分析，形成结论并提出对策。

本书的十七个章节内容分为用户心理的影响机制与对策、用户行为的影响机制与对策、用户体验的影响机制与对策等三篇，研究案例围绕“用户”(根据场景的不同，可以是使用者、消费者、游客、观众、受众、员工等不同身份)日常生活和工作中多样化的热点场景，展现了以决策实验室法为主，结合统计分析法等方法进行的详实研究与探索过程，揭示出多种生活和工作场景下人们认知、行为、体验背后的影响机制。以决策实验室法作为研究方法和工具，可使得系统或问题由“黑箱”变成“白箱”、结构变得透明，有利于科学地找到解决问题的主要抓手和清晰路径，精准地制定针对性的对策和措施，能帮助读者以系统化视角进行用户研究问题的解决之道探索。

本书入选上海交通大学设计学院“创新设计丛书”，得到“上海交通大学设计学院学术著作出版基金”资助；书中案例研究涉及工作量巨大的用户调研活动，众多受访者在问卷填写、深度访谈等过程中付出了极大的耐心和心血、提供了宝贵的支持与帮助；上海交通大学出版社张燕老师等工作人员完成了辛勤的编辑和出版工作。在此，谨一并致以诚挚的感谢。

本书可供设计学、管理学、心理学和工程学等领域的研究者、实践者及相关专业的研究生阅读参考。限于作者的水平，书中难免有不足乃至错误之处，敬请广大读者批评指正。

刘骞荣

2023年10月18日

于上海交通大学

# 目 录

# 第一篇

## 用户心理的影响机制与对策

第一章

# 高校教师线上授课的效果

## 一、引言

线上教学活动中，教师的线上授课效果、学生的线上学习效果等问题成为备受关注的课题。由传统课堂教学到线上教学的转变，对师生双方、教学设施、教学环境等都提出了新的要求。有别于传统课堂教学，线上教学平台和虚拟教学环境成为影响线上教学及其授课效果的重要方面。

传统教学中授课效果影响因素的研究，主要集中在“人(教师、学生、助教)”“环境(教室)”及其之间的互动上。研究人员利用问卷调查[1]、实证研究[2, 3]等方法对授课效果的影响因素进行研究。从人的方面进行考虑，作为“教”的一方，教师的内在特征如教学能力[4]、教学态度[5]，以及教师的外在表现如教学策略[6, 7]、教学反思[8]、教学评价[9, 10]都是授课效果的重要影响因素；作为“学”的一方，学生的内在特征如学习能力[11]、态度性格[12]、动机目标[13, 14]，以及学生的外在表现如学习行为[15, 16, 17]也能够对授课效果产生影响。在环境方面，教学环境和社会环境的因素也被纳入研究范围，教学氛围[18, 19]、学校环境[20, 21]和家庭环境[22]等因素均在一定程度上对授课效果产生影响。在互动方面，师生关系[23]、互动方式[24, 25]、互动效果[26]等重要因素成为研究重点。

在线上教学中，教师、学生、助教(即“人”的要素)通过其各自的电脑、手机等设施和线上教学平台[即“机(平台)”的要素]进行学习、互动；教师、学生、助教与各自的上课设备在网络环境下形成线上教学子系统，这些子系统又在互联网支持下构成分布式线上教学环境(即“环境”的要素)。这三个要素构成了一个较为复杂的人因工程学所指的“人-机-环境系统”。在线上教学活动中,线上教学平台是教师、学生、助教之间沟通的载体和媒介,有的研究人员利用眼动追踪[27]、数据分析[28, 29]等方式对教学平台的影响因素进行研究,对教学平台特性、教学平台功能及教学平台课程体系进行细致分析。此外,对于教学环境的改变,有研究表明线上虚拟环境如在线教学资源[30, 31]、在线教学氛围[32, 33]也是授课效果的重要影响因素。

从传统课堂到线上课堂,教学模式的转变给师生、学校都带来了极大的挑战,在线教学活动的授课效果也成为关注的焦点,但现有研究中从系统论的角度对线上教学进行全面分析的较少,授课效果的影响机制也尚未明晰。本研究从人因工程学“人-机-环境”系统论的角度,应用因子分析法和决策实验室法探究线上授课效果的关键影响因素及其影响机制,寻求提升线上授课效果的策略。

## 二、研究方法与过程

本文主要采用文献调查法、因子分析法及决策实验室法展开分析和研究。从“人-机-环境”系统论及其三要素的角度,对线上授课效果的影响因素进行广泛搜集,整理得到基本影响因素。以因子分析法提取并归纳出主要影响因素。为了揭示问题内在逻辑关系,对以决策实验室法问卷调研收集的数据进行运算和分析,从而发现线上授课效果的关键影响因素及影响机制。

**1. 基本影响因素确定**

从“人-教师”、“人-学生”、“机-硬件软件”、“环境-居家环境与虚拟环境”、“人-人互动(教师与学生)”、“人-人互动(学生与学生)”、“人-机互动”、“人-环境互动”及“机-环境互动”九个维度对影响因素进行收集,并进行整理和归纳,得到了 115 个基本影响因素。

**2. 主要影响因素提取**

邀请参与过或正在参与高校线上教学活动的教师分别判断 115 个基本影响因素对线上授课效果是否具有影响,以及(有影响时的)影响程度。共回收有效问卷79份，其中41份来自男教师，38份来自女教师。这些受访教师的年龄均处于25至59岁之间，授课门类涵盖经济学、法学、文学、历史学、理学、工学、农学、医学、军事学、管理学及艺术学。在地区分布上，40.5%（32名）的受访教师位于上海市，其余受访者分布在湖北、湖南、浙江、广东等18个省市。

对数据进行因子分析。在因子分析时，采用主成分分析法，提取特征值大于1的公因子。分析结果中，总方差解释率为84.372%，所提取的20个公因子能够反映出较高的信息量。

将20个公因子进行概括和描述，得到20个主要影响因素（MIFs），如表1-1所示。

**表1-1　主要影响因素**

| 编号 | MIFs |
| --- | --- |
| 1 | 教师备课有广度和深度，对知识点进行总结归纳，讲课由浅入深、突出重点难点 |
| 2 | 教师与学生通过稳定的网络和完善的直播设备查看线上教学平台资源（课程录像和在线材料等） |
| 3 | 教师了解学生心理和习惯，教师、学生和家长有互动，师生关系平等、教学氛围愉悦 |
| 4 | 线上教学平台有互动性，学生课堂参与积极，师生互动融入教学活动 |
| 5 | 线上教学平台功能全面，例如教师发布考卷、随堂测试、在线评卷，学生阅读在线文本、观看视频、完成测试和作业等 |
| 6 | 教师根据学生的学习起点和文化背景，和学生互动交流，引导学生理解知识 |
| 7 | 学生的学习专注力和学习动机、自主学习能力、时间管理能力 |
| 8 | 学生认同院校环境，随时访问在线材料进行课后复习 |
| 9 | 教师的教学风格受认可，制订全面系统的教学大纲和考核标准 |
| 10 | 学生之间协作分工、共享互助、有效交流 |
| 11 | 线上教学平台有多人视频交流、举手发言、多功能的交互式电子白板等功能 |

（续表）

| 编号 | MIFs |
| --- | --- |
| 12 | 教师在院校有合作环境，及时对学生或学习小组进行课堂测试和课后答疑 |
| 13 | 教师以实际项目为载体，课堂具有游戏性与实时互动性 |
| 14 | 学生得到家庭、社会、同学和教师的支持，学习小组人数适当 |
| 15 | 教师对作业进行过程性评价，最终课程作业以展览形式呈现 |
| 16 | 学生进行在线自测，增强科学精神和素养，提高在同学之中的竞争力 |
| 17 | 教师运用现代教育技术将理论与实际结合，线上教学环境有真实感与情景感 |
| 18 | 教师进行线上考勤与提问，与不同专业、年级的学生进行沟通 |
| 19 | 教师得到学校培训，教学过程受学校监控 |
| 20 | 教师的外语水平 |

**3. 线上授课效果问题的内在结构分析**

以 20 个 MIFs 制成决策实验室法问卷，邀请受访教师分别判断任意两个 MIFs 之间的影响关系及影响强度。限于决策实验室法问卷调研的答题复杂性和工作量，研究人员一般使用小样本量，例如在一项绿色供应链管理的影响问题研究中，样本量为 10 份[34]；在一项关于中国加氢站发展的影响问题研究中，样本量为 13 份[35]；在一项关于可持续产品开发的研究中，样本量为 15 份[36]。本研究中将决策实验室法问卷拆分为三部分分别加以发放，并且发放时间均间隔 5 至 7 天。此次调研共回收有效数据 22 份。

（1）MIFs 间综合性影响强度的分析。对 22 份有效数据进行平均化处理后得到直接关系矩阵；经过决策实验室法分析得到直接/间接关系矩阵，如表 1-2 所示。求出该矩阵所有元素的四分位值 Q1 为 0.348，以该值为阈限值衡量两个 MIFs 之间的影响强弱。若矩阵中某个元素对应的行和列中的所有值都低于阈限值，表明相应 MIF 对问题结构的影响极为微小。因此后续探讨中可不用考虑该 MIF。这里，“教师得到学校培训，教学过程受学校监控”（MIF19）及“教师的外语水平”（MIF20）的影响作用可略去。

表 1-2　直接/间接关系矩阵

| 因子 | 1 | 2 | 3 | 4 | 5 | 6 | 7 | 8 | 9 | 10 | 11 | 12 | 13 | 14 | 15 | 16 | 17 | 18 | 19 | 20 |
|---|---|---|---|---|---|---|---|---|---|---|---|---|---|---|---|---|---|---|---|---|
| **1** | 0.290 | 0.314 | **0.382** | **0.442** | **0.348** | **0.375** | **0.391** | 0.330 | 0.322 | **0.368** | 0.337 | 0.333 | **0.359** | 0.298 | 0.339 | 0.330 | 0.341 | 0.335 | 0.182 | 0.073 |
| **2** | 0.341 | 0.289 | **0.384** | **0.457** | **0.379** | **0.368** | **0.393** | 0.348 | 0.309 | **0.389** | **0.367** | **0.349** | **0.368** | 0.307 | 0.346 | 0.346 | **0.361** | **0.361** | 0.189 | 0.070 |
| **3** | **0.351** | 0.327 | 0.338 | **0.460** | **0.358** | **0.397** | **0.402** | **0.348** | 0.322 | **0.388** | **0.354** | **0.349** | **0.376** | 0.313 | 0.346 | 0.335 | **0.357** | **0.358** | 0.180 | 0.071 |
| **4** | **0.355** | **0.354** | **0.406** | **0.407** | **0.371** | **0.397** | **0.408** | **0.351** | 0.319 | **0.397** | **0.369** | **0.354** | **0.384** | 0.317 | **0.356** | **0.350** | **0.371** | **0.368** | 0.188 | 0.072 |
| **5** | **0.354** | **0.362** | **0.406** | **0.472** | 0.325 | **0.387** | **0.405** | **0.369** | 0.316 | **0.401** | **0.378** | **0.367** | **0.384** | 0.315 | **0.356** | **0.356** | **0.374** | **0.371** | 0.193 | 0.068 |
| **6** | **0.354** | 0.328 | **0.395** | **0.448** | **0.351** | 0.325 | **0.392** | **0.349** | 0.319 | **0.381** | 0.344 | 0.341 | **0.378** | 0.311 | 0.335 | 0.332 | **0.350** | **0.348** | 0.174 | 0.070 |
| **7** | 0.329 | 0.325 | **0.378** | **0.444** | **0.349** | **0.369** | 0.330 | 0.345 | 0.295 | **0.391** | 0.344 | 0.336 | **0.361** | 0.302 | 0.328 | **0.357** | 0.339 | 0.338 | 0.168 | 0.058 |
| **8** | 0.290 | 0.288 | 0.321 | **0.389** | 0.316 | 0.317 | 0.336 | 0.251 | 0.252 | 0.335 | 0.296 | 0.300 | 0.307 | 0.256 | 0.293 | 0.301 | 0.286 | 0.288 | 0.144 | 0.051 |
| **9** | 0.313 | 0.278 | 0.321 | **0.380** | 0.295 | 0.322 | 0.319 | 0.284 | 0.221 | 0.310 | 0.281 | 0.290 | 0.311 | 0.245 | 0.296 | 0.276 | 0.289 | 0.286 | 0.150 | 0.052 |
| **10** | 0.278 | 0.269 | 0.317 | **0.382** | 0.296 | 0.312 | 0.337 | 0.284 | 0.242 | 0.274 | 0.295 | 0.290 | 0.307 | 0.262 | 0.286 | 0.293 | 0.278 | 0.285 | 0.138 | 0.048 |
| **11** | 0.321 | 0.317 | **0.360** | **0.445** | **0.355** | **0.354** | **0.359** | 0.317 | 0.273 | **0.372** | 0.284 | 0.324 | **0.352** | 0.285 | 0.322 | 0.315 | 0.331 | 0.340 | 0.163 | 0.058 |
| **12** | 0.300 | 0.280 | 0.333 | **0.393** | 0.316 | 0.333 | 0.336 | 0.302 | 0.262 | 0.324 | 0.293 | 0.254 | 0.315 | 0.261 | 0.302 | 0.287 | 0.295 | 0.301 | 0.150 | 0.053 |
| **13** | 0.318 | 0.296 | **0.358** | **0.420** | 0.318 | 0.347 | **0.352** | 0.317 | 0.284 | **0.352** | 0.324 | 0.311 | 0.287 | 0.276 | 0.312 | 0.305 | 0.326 | 0.314 | 0.154 | 0.060 |
| **14** | 0.261 | 0.253 | 0.312 | **0.360** | 0.280 | 0.300 | 0.321 | 0.273 | 0.239 | 0.330 | 0.278 | 0.273 | 0.285 | 0.206 | 0.269 | 0.273 | 0.261 | 0.268 | 0.133 | 0.045 |
| **15** | 0.283 | 0.264 | 0.311 | **0.371** | 0.289 | 0.299 | 0.318 | 0.272 | 0.251 | 0.316 | 0.276 | 0.271 | 0.288 | 0.242 | 0.235 | 0.278 | 0.275 | 0.281 | 0.146 | 0.051 |
| **16** | 0.271 | 0.266 | 0.304 | **0.361** | 0.289 | 0.300 | 0.328 | 0.281 | 0.240 | 0.315 | 0.274 | 0.275 | 0.285 | 0.248 | 0.265 | 0.233 | 0.274 | 0.273 | 0.136 | 0.051 |
| **17** | 0.326 | 0.317 | **0.367** | **0.427** | 0.337 | 0.347 | **0.356** | 0.317 | 0.284 | 0.339 | 0.325 | 0.310 | **0.352** | 0.275 | 0.311 | 0.309 | 0.277 | 0.321 | 0.162 | 0.062 |
| **18** | 0.295 | 0.287 | 0.341 | **0.399** | 0.307 | 0.330 | 0.331 | 0.292 | 0.262 | 0.322 | 0.296 | 0.297 | 0.304 | 0.258 | 0.288 | 0.279 | 0.293 | 0.256 | 0.154 | 0.056 |
| **19** | 0.262 | 0.250 | 0.282 | 0.335 | 0.268 | 0.274 | 0.276 | 0.248 | 0.231 | 0.265 | 0.253 | 0.256 | 0.271 | 0.215 | 0.246 | 0.241 | 0.268 | 0.263 | 0.112 | 0.052 |
| **20** | 0.118 | 0.093 | 0.113 | 0.131 | 0.103 | 0.123 | 0.110 | 0.102 | 0.092 | 0.108 | 0.105 | 0.104 | 0.110 | 0.091 | 0.097 | 0.098 | 0.116 | 0.108 | 0.050 | 0.017 |

注：加粗的数值表示该数值不小于阈限值 0.348。

(2) 关键影响因素的挖掘。计算出每个 MIFs 所对应的中心度(D+R)和原因度(D−R)指标的值,如表 1-3 所示。中心度表示某个因素的影响强度在所有因素总体影响强度中的相对权重,原因度表示某个因素对其他因素的影响程度或受其他因素影响的程度。从表 1-3 可见,“线上教学平台有互动性,学生课堂参与积极,师生互动融入教学活动”(MIF4)中心度值最大。这表明 MIF4 是影响线上授课效果的最关键因素,对教师线上授课效果问题具有支配性影响作用,是提升线上授课效果的最重要抓手。

**表 1-3 中心度值与原因度值排序**

| MIF 编号 | 中心度(D+R)值 | MIF 编号 | 原因度(D−R)值 |
|---|---|---|---|
| 4 | 14.816 | 19 | 1.801 |
| 3 | 13.458 | 2 | 0.963 |
| 7 | 13.285 | 20 | 0.853 |
| 5 | 13.209 | 5 | 0.708 |
| 6 | 13.201 | 1 | 0.483 |
| 1 | 12.499 | 9 | 0.182 |
| 2 | 12.475 | 11 | 0.176 |
| 13 | 12.415 | 17 | 0.058 |
| 11 | 12.317 | 6 | 0.048 |
| 17 | 12.180 | 3 | 0.002 |
| 10 | 12.149 | 14 | −0.062 |
| 18 | 11.708 | 12 | −0.294 |
| 12 | 11.671 | 7 | −0.313 |
| 8 | 11.597 | 13 | −0.352 |
| 15 | 11.245 | 8 | −0.366 |
| 16 | 11.162 | 18 | −0.418 |
| 9 | 10.853 | 15 | −0.610 |
| 14 | 10.502 | 16 | −0.627 |
| 19 | 7.932 | 4 | −1.030 |
| 20 | 3.129 | 10 | −1.204 |

(3) MIFs 间影响关系及其强度的直观表达。以中心度(D+R)值为横轴、原因度(D−R)值为纵轴建立笛卡儿坐标系,根据直接/间接关系矩阵进

行因果图的绘制，将 MIF 间影响关系及其强度直观表达出来，有助于接下来分析问题的影响机制。因果图如图 1-1 所示，图中箭头方向表示一个因素影响另一个因素的方向，实线表示其影响程度较强，虚线表示影响程度较弱。求出直接/间接关系矩阵所有元素的四分位值 Q3 为 0.383。影响强度大于 0.383 时用实线表示，大于 0.348 而小于 0.383 时用虚线表示。

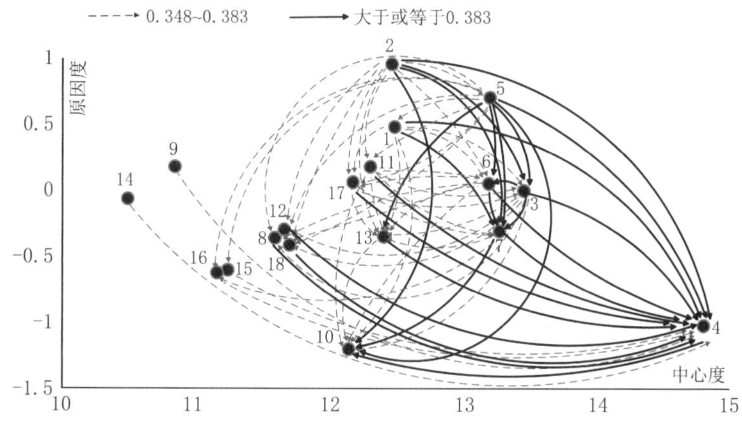


图 1-1 因果图

（注：图中数字代表对应的 MIF 序号，下文同）

## 三、线上授课效果的影响机制分析

如表 1-4 所示，对线上授课效果问题起主要支配作用（中心度值居前几位）的 MIF 依次为：“线上教学平台有互动性，学生课堂参与积极，师生互动融入教学活动”（MIF4）、“教师了解学生心理和习惯，教师、学生和家长有互动，师生关系平等、教学氛围愉悦”（MIF3）及“学生的学习专注力和学习动机、自主学习能力、时间管理能力”（MIF7）是授课效果的关键影响因素。而“学生得到家庭、社会、同学和教师的支持，学习小组人数适当”（MIF14）、“教师的外语水平”（MIF20）、“教师得到学校培训，教学过程受学校监控”（MIF19）对授课效果影响较小（见表 1-3）。对其他因素总体上施加影响（原因度值居前）的 MIFs 依次为：“教师得到学校培训，教学过程受学校监控”（MIF19）、“教师与学生通过稳定的网络和完善的直播设备查看线上教学平台资源(课程录像和在线材料等)"(MIF2)及"教师的外语水平"(MIF20)对其他因素的影响程度较大。而"学生之间协作分工、共享互助、有效交流"(MIF10)、"线上教学平台有互动性,学生课堂参与积极,师生互动融入教学活动"(MIF4)及"学生进行在线自测,增强科学精神和素养,提高在同学之中的竞争力"(MIF16)主要受其他因素影响(见表 1-3)。

**表 1-4　中心度值与原因度值排名前三的 MIFs**

| 中心度值排名前三的 MIFs | 原因度值排名前三的 MIFs |
|---|---|
| MIF4:线上教学平台有互动性,学生课堂参与积极,师生互动融入教学活动 | MIF19:教师得到学校培训,教学过程受学校监控 |
| MIF3:教师了解学生心理和习惯,教师、学生和家长有互动,师生关系平等、教学氛围愉悦 | MIF2:教师与学生通过稳定的网络和完善的直播设备查看线上教学平台资源(课程录像和在线材料等) |
| MIF7:学生的学习专注力和学习动机、自主学习能力、时间管理能力 | MIF20:教师的外语水平 |

由图 1-1 可见,"教师与学生通过稳定的网络和完善的直播设备查看线上教学平台资源(课程录像和在线材料等)"(MIF2)、"线上教学平台功能全面,例如教师发布考卷、随堂测试、在线评卷,学生阅读在线文本、观看视频、完成测试和作业等"(MIF5)及"教师备课有广度和深度,对知识点进行总结归纳,讲课由浅入深、突出重点难点"(MIF1)均对其他因素有较大影响。而"学生之间协作分工、共享互助、有效交流"(MIF10)、"线上教学平台有互动性,学生课堂参与积极,师生互动融入教学活动"(MIF4)及"学生进行在线自测,增强科学精神和素养,提高在同学之中的竞争力"(MIF16)主要受其他因素影响。"线上教学平台有互动性,学生课堂参与积极,师生互动融入教学活动"(MIF4)作为最为关键的影响因素,受"线上教学平台功能全面,例如教师发布考卷、随堂测试、在线评卷,学生阅读在线文本、观看视频、完成测试和作业等"(MIF5)、"教师了解学生心理和习惯,教师、学生和家长有互动,师生关系平等、教学氛围愉悦"(MIF3)及"教师与学生通过稳定的网络和完善的直播设备查看线上教学平台资源(课程录像和在线材料等)"(MIF2)等其他因素的影响较大。由此可见,人-机互动、人-人互动对于增强教学互动性

具有极其重要的作用。

综合分析中心度与原因度指标及因果关系图，可发现："人-机-环境"系统中"机（平台）"的相关因素，即"教师与学生通过稳定的网络和完善的直播设备查看线上教学平台资源（课程录像和在线材料等）"（MIF2），对其他因素的影响力最大，如图 1-2 所示，它对"教师了解学生心理和习惯，教师、学生和家长有互动，师生关系平等、教学氛围愉悦"（MIF3）、"线上教学平台有互动性，学生课堂参与积极，师生互动融入教学活动"（MIF4）、"学生的学习专注力和学习动机、自主学习能力、时间管理能力"（MIF7）及"学生之间协作分工、共享互助、有效交流"（MIF10）均具有较强影响，直接或间接对学生间的互动产生影响。其中，"教师了解学生心理和习惯，教师、学生和家长有互动，师生关系平等、教学氛围愉悦"（MIF3）、"线上教学平台有互动性，学生课堂参与积极，师生互动融入教学活动"（MIF4）、"学生的学习专注力和学习动机、自主学习能力、时间管理能力"（MIF7）为中心度排名前三的影响因素，对线上授课效果的影响作用都很大。

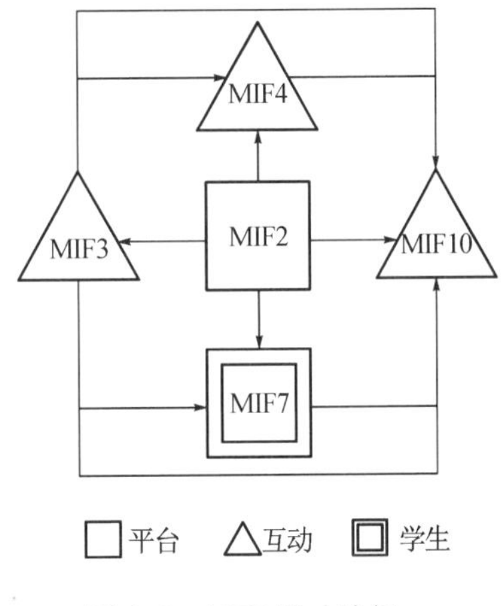

图 1-2　MIF2 影响路径

此外，"人-机-环境"系统中的教师、学生、线上教学平台的三维互动因素（"线上教学平台有互动性，学生课堂参与积极，师生互动融入教学活动"，即 MIF4）是在线上授课效果影响问题上最具支配作用的因素。如图 1-3 所示，它受到"教师备课有广度和深度，对知识点进行总结归纳，讲课由浅入深、突出重点难点"（MIF1）、"教师与学生通过稳定的网络和完善的直播设备查看线上教学平台资源（课程录像和在线材料等）"（MIF2）、"教师了解学生心理和习惯，教师、学生和家长有互动，师生关系平等、教学氛围愉悦"（MIF3）及"线上教学平台功能全面，例如教师发布考卷、随堂测试、在线评卷，学生阅读在线文本、观看视频、完成测试和作业等"（MIF5）等 12 个因素的较强影响，受到"学生的学习专注力和学习动机、自主学习能力、时间管理能力"

(MIF7)、“学生认同院校环境，随时访问在线材料进行课后复习”(MIF8)、“教师的教学风格受认可，制订全面系统的教学大纲和考核标准”(MIF9)、“教师对作业进行过程性评价，最终课程作业以展览形式呈现”(MIF15)等4个因素弱一些的影响，并对“学生之间协作分工、共享互助、有效交流”(MIF10)有较强影响。这表明“人-机-环境”系统中“人”“机”“环境”“人-人互动”等要素和关系均对教师、学生与平台的三维互动具有较强的影响。

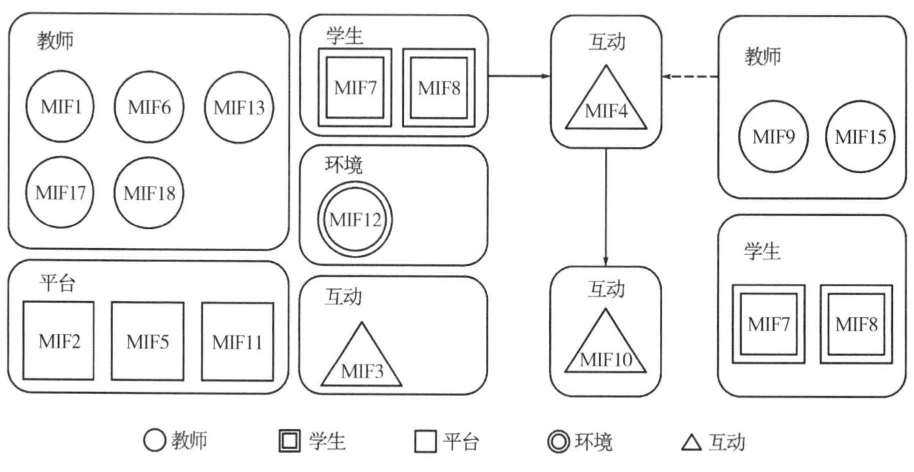


图 1-3　MIF4 影响路径

## 四、高校教师线上授课效果的提升对策

基于上述关于关键影响因素及影响机制的发现和分析，从“教师”“学生”“平台”“互动”等四个角度提出提升线上授课效果的对策建议。

(1) 对于教师而言，要了解学生心理和习惯，根据学生的学习起点和文化背景进行备课，由浅入深制订教学内容，并注意与学生的互动交流，对学生进行有效引导。“教师了解学生心理和习惯，教师、学生和家长有互动，师生关系平等、教学氛围愉悦”(MIF3)、“教师根据学生的学习起点和文化背景，和学生互动交流，引导学生理解知识”(MIF6)、“教师备课有广度和深度，对知识点进行总结归纳，讲课由浅入深、突出重点难点”(MIF1)，均对“线上教学平台有互动性，学生课堂参与积极，师生互动融入教学活动”(MIF4)具有强影响，并且其中 MIF6 的中心度值排名第二，对线上授课效果影响较大，这表明教师的内在特征、外在表现及师生互动等方面均能够对授课效果产生较大影响。

（2）对于学生而言，要提升专注力，制定学习目标，进行自主学习。“学生的学习专注力和学习动机、自主学习能力、时间管理能力”（MIF7）是中心度值排名第三的影响因素，并且其对“线上教学平台有互动性，学生课堂参与积极，师生互动融入教学活动”（MIF4）有强影响，这表明学生的个人素质对授课效果既有直接影响也有间接影响，学生应提升个人的自主学习能力，与教师进行积极互动，这不仅有助于提升自身的线上学习效果，也有助于教师提升线上授课效果。

（3）在平台方面，线上教学平台应具备发布考卷、随堂测试、在线评卷、阅读在线文本、观看视频、完成测试和作业等功能，同时能增强互动性，促进教师与学生的交流。以“腾讯会议”为例，实时的聊天互动群组可增强学生的课堂参与感，调动学生积极性，学生可通过聊天窗口提出疑问，教师进行实时答疑，并根据学生学习情况推进教学进度，这在一定程度上提升了线上授课效果。“线上教学平台功能全面，例如教师发布考卷、随堂测试、在线评卷，学生阅读在线文本、观看视频、完成测试和作业等”（MIF5）的中心度值、原因度值均排名第四，并且其对“教师了解学生心理和习惯，教师、学生和家长有互动，师生关系平等、教学氛围愉悦”（MIF3）、“线上教学平台有互动性，学生课堂参与积极，师生互动融入教学活动”（MIF4）、“教师根据学生的学习起点和文化背景，和学生互动交流，引导学生理解知识”（MIF6）等 6 个影响因素均具有强影响，这表明平台的功能性能对线上授课效果有重大影响。

（4）在互动方面，应积极推进教师、学生、平台进行多维互动，将师生互动融入教学环境中，营造平等融洽的教学氛围。中心度值排名前两名的影响因素“教师了解学生心理和习惯，教师、学生和家长有互动，师生关系平等、教学氛围愉悦”（MIF3）、“线上教学平台有互动性，学生课堂参与积极，师生互动融入教学活动”（MIF4）涉及教师、学生、家长的三维互动及教师、学生与平台的三维互动，并且其均对“学生之间协作分工、共享互助、有效交流”（MIF10）具有强影响，其中 MIF3 对 MIF4 也具有强影响，说明教师、学生、家长的三维互动及教师、学生与平台的三维互动能够促进学生与学生间的交流互动，教师、学生、家长的三维互动也能够促进教师、学生与平台的三维互动，可见互动是线上授课效果的重要保障。

## 参考文献

[1] 黄振中，张晓蕾. 自主学习能力对在线学习效果的影响机制探究：兼论在线学习交互体验的中介作用[J]. 现代教育技术，2018，28(3)：66-72.

[2] Zhu T. Implementation status and development thinking on "Cloud National Examination" in China under the situation of "Online Anti-COVID-19 Epidemic"[J]. Technological Forecasting & Social Change，2021，162：1-9.

[3] 王美英，韩艳秋."问题式学习"教学方法在检验科临床带教的效果[J]. 解放军预防医学杂志，2019，37(10)：184-185.

[4] 张雪蓉，乔昳玥. 学习过程性评价实施效果分析：以 N 大学 G 专业为个案[J]. 职业技术教育，2018，39(14)：55-59.

[5] 王晶心，原帅，赵国栋. 混合式教学对大学生学习成效的影响：基于国内一流大学 MOOC 应用效果的实证研究[J]. 现代远距离教育，2018(5)：39-47.

[6] 高琳琳，高晓媛，解月光，等. 回顾与反思：微课对学习效果影响的研究——基于 38 篇国内外论文的元分析[J]. 现代远距离教育，2019(1)：37-45.

[7] 刘智，刘三女牙，康令云. 物理空间中的智能学伴系统：感知数据驱动的学习分析技术——访柏林洪堡大学教育技术专家 Niels Pinkwart 教授[J]. 中国电化教育，2018(7)：67-72.

[8] 杜海清，朱新宁，汪弈. 专业导论课教学模式及学习效果评估与分析[J]. 北京邮电大学学报(社会科学版)，2019，21(4)：85-95.

[9] 郑燕林，秦春生. 研究生课程"探究型-混合式"教学模式的构成与教学设计[J]. 现代远距离教育，2018(4)：69-75.

[10] 贺勇，聂鑫，梁珊珊，等."线上＋线下"形成性考核促进医学检验教学质量提升初探与实践[J]. 国际检验医学杂志，2019，40(11)：1399-1401.

[11] 石莉红，骆艳妮，胡敏华. 情景案例结合导学互动教学模式在神经内科临床护理教学中的应用效果[J]. 解放军护理杂志，2019，36(5)：65-68.

[12] 赵忠君，郑晴，张伟伟. 智慧学习环境下高校教师胜任力模型构建的实证研究[J]. 中国电化教育，2019(2)：43-50，65.

[13] 沈欣忆,吴健伟,张艳霞,等. MOOCAP 学习者在线学习行为和学习效果评价模型研究[J]. 中国远程教育,2019(7): 38-46,93.

[14] Hwang G J, Wang S Y, Lai C L. Effects of a social regulation-based online learning approach on students' learning achievements and behaviors in mathematics [J]. Computers & Education, 2021,160: 1-19.

[15] 吴绍靖,易明. 中小学教师网络学习行为对学习效果的影响[J]. 现代教育技术,2019,29(9): 101-107.

[16] 杨婉秋,李淑文. 美国信息技术与中学数学课堂教学"深度融合"的实践探索: 以 PhET 数学互动仿真程序的研发与应用为例[J]. 外国中小学教育,2019(8): 63-72.

[17] 赵嵬,姚海莹. 基于蓝墨云班课的混合式教学行为研究: 以"现代教育技术"课程为例[J]. 现代教育技术,2019,29(5): 46-52.

[18] 黄姗姗,张靖炜,吕文慧,等. 虚拟互动实验在经管类实验翻转课堂教学中的应用[J]. 实验室研究与探索,2018,37(7): 150-154,300.

[19] 李惠杰,王洁. 高校学生学习效果评价过程化策略研究[J]. 教育现代化,2019(39): 3-5.

[20] 陈臣,杨炫煌,于海燕,等. 基于线上线下混合教学模式的《化妆品微生物学》教学改革研究[J]. 香料香精化妆品,2019(6): 78-81.

[21] 薛胜兰. 基于智能手机教学互动反馈系统的设计与应用研究[J]. 中国电化教育,2017(7): 115-120.

[22] 罗长远,司春晓. 在线教育会拉大不同家庭条件学生的差距吗? ——以新冠肺炎疫情为准自然实验[J]. 财经研究,2020,46(11): 4-18.

[23] 张慧慧,苏畅. 基于交互式电子白板构建互动高效英语课堂教学的策略研究[J]. 中国电化教育,2017(4): 80-84,96.

[24] 刘海军. 构建有效互动的 O2O 教学模式[J]. 教学与管理(理论版),2018(1): 49-51.

[25] 孙燕云,何钰,吴平,等. 大学物理线上线下混合式大班教学模式初探[J]. 物理与工程,2019,29(5): 85-89.

[26] 江波,高明,陈朝阳. 建构学习行为模式发现与学习效果关系研究: 基于虚拟仿真的学习分析[J]. 远程教育杂志,2018,36(4): 95-103.

[27] 王红艳,胡卫平,皮忠玲,等. 教师行为对教学视频学习效果影响的眼动研究[J]. 远程教育杂志,2018,36(5): 103-112.

[28] 马宁生,吕璐璐,方恺,等.关联规则在移动学习中学习效果评价的应用研究[J].物理与工程,2019,29(6):89-94,98.

[29] 厉旭云,王琳琳,梅汝焕,等.生理科学实验课程线上、线下混合教学模式的学习效果评价[J].基础医学与临床,2019,39(12):1781-1784.

[30] 陈明选,董楠.数字学习资源情感化设计与效果分析[J].现代教育技术,2019(4):54-60.

[31] 徐丹,唐园,刘声涛.研究型大学学生类型及其学习效果:基于 H 大学本科生就读经历调查数据的实证分析[J].高教探索,2019(3):22-29.

[32] 杜颖,季梅,王辉,等.高校教师专业学习共同体实施效果评估[J].经济研究导刊,2019(16):113-114,123.

[33] 刘潇,王志军,曹晓静.基于用户体验的增强现实教材设计研究[J].教学与管理(理论版),2019(11):75-78.

[34] Wu H H, Chang S Y. A case study of using DEMATEL method to identify critical factors in green supply chain management[J]. Applied Mathematics and Computation, 2015, 256: 394-403.

[35] Xu C, Wu Y, Dai S. What are the critical barriers to the development of hydrogen refueling stations in China? A modified fuzzy DEMATEL approach[J]. Energy Policy, 2020,142: 1-14.

[36] Singh P K, Sarkar P. A framework based on fuzzy Delphi and DEMATEL for sustainable product development: a case of Indian automotive industry[J]. Journal of Cleaner Production, 2020,246: 1-15.

(本章发表于《教学学术》2022 年第 2 期,略有删改。)

第二章

# 朋友聚餐中公勺公筷的推广效果

## 一、引言

注意饮食卫生、避免病毒交叉感染，是人们日常用餐环节中不可忽视的问题。人们在聚餐时使用公勺公筷，是提高饮食卫生的有效手段。有疾控专家团队进行了实验，测试使用公筷和不使用公筷用餐后的细菌对比，结果表明“非公筷”组菌落总数全部高于“公筷”组菌落总数，最大相差250倍。

各级政府纷纷发出使用公勺公筷的倡议。例如，北京、上海、广州等地接连发起公筷倡议。广州市29家餐饮龙头企业、星级酒店等，主动推行公筷制；浙江省10个部门联合倡议在单位食堂、餐饮行业、居家生活中，全面推进“公筷公勺”；江苏泰州则出台了全国首个《公勺公筷使用规范》地方标准，对公勺的使用方法等进行规范。主动使用公勺公筷，养成文明就餐的良好习惯，能够有效避免“病从口入”，降低饮食过程中的病毒传播风险。

但是在日常生活中，亲朋好友碰面聚餐时，亲友之间的“熟悉感”、碍于情面、聚会时的轻松气氛等因素，又从客观上阻碍了公勺公筷的广泛推广和实际使用。为深入理解公勺公筷推广效果的影响机制，进而形成针对性措施、帮助提升聚餐中公勺公筷的推广效果，本文采用因子分析与决策实验室法相结合的实证研究手段，基于影响公勺公筷推广效果的基本影响因素（PIFs），挖掘在朋友聚餐中公勺公筷推广效果的主要影响因素（MIFs），进而探讨公勺公筷推广效果的关键影响因素与影响机制，并在此基础上提出有针对性的若干建议。

## 二、基本影响因素和主要影响因素分析

### 1. 基本影响因素整理

本文通过对王明述[1]、郭娟[2]、杜康[3]、陈天伦[4]、赵荣光[5]等人的相关研究进行分析，从“人-机-环境”系统的角度进行归纳，总结出 42 个影响因素。然后对这些因素进行进一步归纳与整合、修改措辞描述等处理，得到 27 个基本影响因素（PIFs），如表 2-1 所示。

**表 2-1　基本影响因素**

| 角度 | 维度 | 基本影响因素 | 来源 |
|---|---|---|---|
| 人 | 心理因素 | 对公筷的心理接受度 | 王明述、王传勇、张海，2005 |
| | | 个人卫生意识 | 王明述、王传勇、张海，2005 |
| | | 传统文化的影响 | 杜康、胡洁菲，2020 |
| | | 使用公筷让人安心 | 《筷筷有爱》央视综艺广告 |
| | | 使用公筷显得生分 | 杜康、胡洁菲，2020 |
| | 生理因素 | 公筷操作麻烦 | 郭娟、崔桂友，2019 |
| | | 筷子使用习惯难以改变 | 绿色氧吧 |
| | | 筷子使用的熟练程度 | |
| 机 | — | 中式菜品种类的丰富性 | 郭娟、崔桂友，2019 |
| | | 配备特制的筷枕，同时自外向内依次摆放取食筷、进食筷、汤匙 | 陈天伦，2013 |
| | | 取食筷、进食筷宜有色泽、质料、式样、工艺等的明显区别 | 陈天伦，2013 |
| | | 餐馆场地、餐具、人力成本的局限性 | 郭娟、崔桂友，2019 |
| 环境 | 社会环境 | 有关部门加强公众的健康教育 | 郭娟、崔桂友，2019 |
| | | 加大公筷公勺制的宣传（线上粉丝营销、线下张贴标语） | 郭娟、崔桂友，2019 |

（续表）

| 角度 | 维度 | | 基本影响因素 | 来源 |
|---|---|---|---|---|
| 环境 | 文化背景 | | 中国现代共餐文化 | 郭娟、崔桂友，2019 |
| | 餐厅子系统 | 人 | 餐饮组织者的积极建议、热情示范 | 陈天伦，2013 |
| | | | 服务人员提醒使用 | 杜康、胡洁菲，2020 |
| | | 机 | 餐厅实行双筷制摆台服务 | 陈天伦，2013 |
| | | | 餐厅觉得成本高，增加了运营压力 | 杜康、胡洁菲，2020 |
| | | 环境 | 餐饮企业积极承担推行公筷公勺制的责任 | 郭娟、崔桂友，2019 |
| | | | 宣传与体现“双筷制”的艺术性（雅致文化） | 陈天伦，2013 |
| 人-人 | 人际关系 | | 使用公筷可能会被视为矫情、有洁癖 | 杜康、胡洁菲，2020 |
| | | | 公筷便于给客人夹菜，避免尴尬情况发生 | 王明述、王传勇、张海，2005 |
| 人-机 | — | | 双筷容易混用 | 王明述、王传勇、张海，2005 |
| | | | 聚餐时征求朋友意见后再实行 | 王明述、王传勇、张海，2005 |
| 机-环境 | 企业 | | 餐厅管理意识、服务意识超前 | |
| | | | 餐厅视宴程节奏与肴馔特质而在适当时段更换筷子 | 陈天伦，2013 |

### 2. 主要影响因素归纳

本文先使用 27 个基本影响因素进行问卷设计与用户调研，对获得的问卷数据进行因子分析，提取公因子并加以解释和概括，从而形成主要影响因素。

问卷主要分为两部分，第一部分是受访者的基本信息，包含年龄、性别等；第二部分让被试对 27 个影响因素的重要程度进行判断，措辞如下：“请您根据自己的看法，分别判断下面各因素是否影响公筷推广效果。如果您觉得没有影响，请选择‘不影响’；如果您觉得有影响，请选择一种影响程度。”

本次用户调研共回收问卷91份，其中有效问卷为87份。

对有效问卷数据进行因子分析。使用KMO和巴特利特检验，用以检验各变量之间的相关性程度。在分析结果中，如果KMO值在0.9以上时，表明数据非常适合做因子分析；KMO值在0.8～0.9之间时，表明数据很适合做因子分析；KMO值在0.7～0.8之间时，表明数据适合做因子分析；KMO值在0.6～0.7之间时，表明数据不太适合做因子分析；KMO值在0.5～0.6之间时，表明做因子分析很勉强；KMO值在0.5以下时，表明数据不适合做因子分析[6]。

表2-2列出了KMO和巴特利特检验结果，其中KMO的值为0.777、巴特利特球形度检验$P$值小于0.001，这表明数据适合做因子分析，变量之间存在相关性，因子分析结果是有效的。

**表2-2　KMO和巴特利特检验结果**

| KMO和巴特利特检验 | | |
|---|---|---|
| KMO取样适切性量数 | | 0.777 |
| 巴特利特球形度检验 | 近似卡方 | 1 154.891 |
| | 自由度 | 351 |
| | 显著性 | 0.000 |

在因子分析过程中，选用主成分分析法，提取特征值大于1的公因子，采用最大方差法进行旋转，禁止显示0.4以下的小系数，得到旋转后的成分矩阵，如本章附录所示，其中有8个公因子。

通过对8个公因子进行解释、概括和描述，形成8个主要影响因素(MIFs)，如表2-3所列。主要影响因素分别是："有关部门加强公众的健康教育，宣传体现双筷制的艺术性""中国现代共餐文化下菜品种类丰富""使用公筷前征求朋友意见""取食筷、进食筷有明显区别，卫生安全、让人安心""筷子使用的熟练程度""传统文化影响下，公众认为公筷操作麻烦且显得生分""餐厅加大公筷公勺制的宣传并积极实行""餐馆场地、餐具、人力成本的局限性"。

表 2-3 主要影响因素

| 序号 | MIFs |
| --- | --- |
| 1 | 有关部门加强公众的健康教育，宣传体现双筷制的艺术性 |
| 2 | 中国现代共餐文化下菜品种类丰富 |
| 3 | 使用公筷前征求朋友意见 |
| 4 | 取食筷、进食筷有明显区别，卫生安全、让人安心 |
| 5 | 筷子使用的熟练程度 |
| 6 | 传统文化影响下，公众认为公筷操作麻烦且显得生分 |
| 7 | 餐厅加大公筷公勺制的宣传并积极实行 |
| 8 | 餐馆场地、餐具、人力成本的局限性 |

## 三、公勺公筷推广效果的影响机制分析

### 1. DEMATEL 问卷设计及数据分析

基于上述 8 个主要影响因素，使用决策实验室法进行问卷设计，并邀请受访者判断 8 个主要影响因素两两之间的影响方向及其强度(以“1”代表不影响，以“2”代表有点影响，以“3”代表比较影响，以“4”代表十分影响)。本轮用户调研共回收问卷 31 份，其中有效问卷 28 份。

对问卷进行数据处理，得到直接关系矩阵。基于决策实验室法进行计算，得到标准化直接关系矩阵(见表 2-4)和直接/间接影响关系矩阵(见表 2-5)，以及每个主要影响因素对应的中心度(D+R)值和原因度(D−R)值。

表 2-4 标准化直接关系矩阵

| 因子 | 1 | 2 | 3 | 4 | 5 | 6 | 7 | 8 |
| --- | --- | --- | --- | --- | --- | --- | --- | --- |
| **1** | 0.000 | 0.057 | 0.149 | 0.171 | 0.085 | 0.146 | 0.185 | 0.142 |
| **2** | 0.121 | 0.000 | 0.128 | 0.139 | 0.100 | 0.139 | 0.164 | 0.146 |
| **3** | 0.110 | 0.085 | 0.000 | 0.142 | 0.089 | 0.146 | 0.164 | 0.114 |
| **4** | 0.160 | 0.121 | 0.142 | 0.000 | 0.096 | 0.164 | 0.171 | 0.146 |

（续表）

| 因子 | 1 | 2 | 3 | 4 | 5 | 6 | 7 | 8 |
|---|---|---|---|---|---|---|---|---|
| **5** | 0.085 | 0.082 | 0.089 | 0.089 | 0.000 | 0.135 | 0.117 | 0.100 |
| **6** | 0.142 | 0.110 | 0.171 | 0.135 | 0.103 | 0.000 | 0.171 | 0.107 |
| **7** | 0.160 | 0.089 | 0.128 | 0.171 | 0.085 | 0.142 | 0.000 | 0.149 |
| **8** | 0.117 | 0.100 | 0.093 | 0.157 | 0.075 | 0.135 | 0.167 | 0.000 |

表 2-5　直接/间接影响关系矩阵

| 因子 | 1 | 2 | 3 | 4 | 5 | 6 | 7 | 8 |
|---|---|---|---|---|---|---|---|---|
| **1** | 1.082 | 0.846 | 1.206 | **1.334** | 0.847 | **1.301** | **1.471** | 1.195 |
| **2** | 1.185 | 0.787 | 1.184 | **1.304** | 0.856 | **1.291** | **1.449** | 1.194 |
| **3** | 1.092 | 0.804 | 0.987 | 1.214 | 0.787 | 1.204 | **1.346** | 1.084 |
| **4** | **1.283** | 0.943 | 1.263 | 1.257 | 0.901 | **1.383** | **1.537** | 1.260 |
| **5** | 0.900 | 0.676 | 0.900 | 0.983 | 0.585 | 1.011 | 1.102 | 0.903 |
| **6** | 1.204 | 0.887 | 1.221 | **1.304** | 0.861 | 1.172 | **1.458** | 1.166 |
| **7** | 1.210 | 0.864 | 1.180 | **1.323** | 0.840 | **1.288** | **1.302** | 1.191 |
| **8** | 1.097 | 0.814 | 1.071 | 1.223 | 0.774 | 1.194 | **1.347** | 0.981 |

注：加粗字体代表数值大于门槛值 1.268。

求出直接/间接影响关系矩阵中所有元素的第三四分位数值（Q3）为 1.268，并将该值作为衡量两个主要影响因素之间综合影响强度的门槛值。如果矩阵中某个元素（即主要影响因素）所对应的行和列中所有值都低于该门槛值，则对应的因素不在后续讨论中加以考虑。由于 MIF5（筷子使用的熟练程度）所对应的行与列的值均未达到门槛值（见表 2-5），因此在后面绘制因果图时不将 MIF5 考虑在内。

每个 MIF 所对应的中心度（D + R）和原因度（D − R）的值，如表 2-6 所示。中心度表示某个因素的影响强度在所有因素总影响强度中的相对权重，原因度表示某个因素影响其他因素的总体程度或受其他因素影响的总体程度，原因度的绝对值代表着影响强度。在表 2-6 中可看到，MIF7（餐厅加大公筷公勺制的宣传并积极实行）的中心度值最大，MIF5（筷子使用的熟练程度）的中心度值最小。这表明，MIF7（餐厅加大公筷公勺制的宣传并积极实行）是影响朋友聚餐中公筷推广效果的最重要的因素，而 MIF5（筷子使用的熟练程度）是最不重要的因素。

**表 2-6　中心度与原因度**

| MIFs | 中心度值 | MIFs | 原因度值 |
|---|---|---|---|
| MIF7 | **20.209** | MIF2 | 2.630 |
| MIF4 | **19.769** | MIF5 | 0.610 |
| MIF6 | **19.115** | MIF1 | 0.229 |
| MIF1 | **18.336** | MIF4 | −0.117 |
| MIF3 | 17.531 | MIF8 | −0.473 |
| MIF8 | 17.477 | MIF3 | −0.495 |
| MIF2 | 15.871 | MIF6 | −0.570 |
| MIF5 | 13.511 | MIF7 | −1.814 |
| 平均值 | 17.727 | | |

注：加粗字体代表该因素中心度值大于平均值 17.727。

在表 2-6 中，各 MIFs 中心度值的平均值为 17.727。中心度值大于 17.727的 4 个 MIFs，按中心度值由大到小依次为：MIF7（餐厅加大公筷公勺制的宣传并积极实行），MIF4（取食筷、进食筷有明显区别，卫生安全、让人安心），MIF6（传统文化影响下，公众认为公筷操作麻烦且显得生分）及 MIF1（有关部门加强公众的健康教育，宣传体现双筷制的艺术性）。此外，从表 2-6 中可看到，MIF2（中国现代共餐文化下菜品种类丰富）、MIF5（筷子使用的熟练程度）及 MIF1（有关部门加强公众的健康教育，宣传体现双筷制的艺术性）的原因度值均为正，这表明它们总体上对其他因素产生影响，而值越大说明产生的影响越大。

**2. 因果图解析**

以中心度(D+R)值为横轴、原因度(D−R)值为纵轴建立直角坐标系，根据直接/间接影响关系矩阵结果进行因果图的绘制。

在因果图中，箭头方向表示一个因素影响另一个因素的方向，实线表示影响程度很强，虚线表示影响程度较强。取直接/间接影响关系矩阵中大于门槛值(1.268)的所有值的三分之二位置处(1.347)作为阈值，影响程度大于1.347时用实线表示，小于1.347时用虚线表示。

所绘制的因果图如图2-1所示。MIF1(有关部门加强公众的健康教育，宣传体现双筷制的艺术性)、MIF2(中国现代共餐文化下菜品种类丰富)、MIF4(取食筷、进食筷有明显区别，卫生安全、让人安心)、MIF6(传统文化影响下，公众认为公筷操作麻烦且显得生分)、MIF8(餐馆场地、餐具、人力成本的局限性)，均对MIF7(餐厅加大公筷公勺制的宣传并积极实行)有强影响，分别以实线表达前者对MIF7的影响关系。这表明：有关部门的宣传、公勺公筷的设计都直接很强地影响餐厅是否宣传并积极实行双筷制；此外，现代共餐文化下菜品种类丰富、公众对公筷的看法，以及餐厅自身人力成本的局限性，也限制了公勺公筷的推广，对餐厅是否宣传并积极实行双筷制也产生了较强影响。

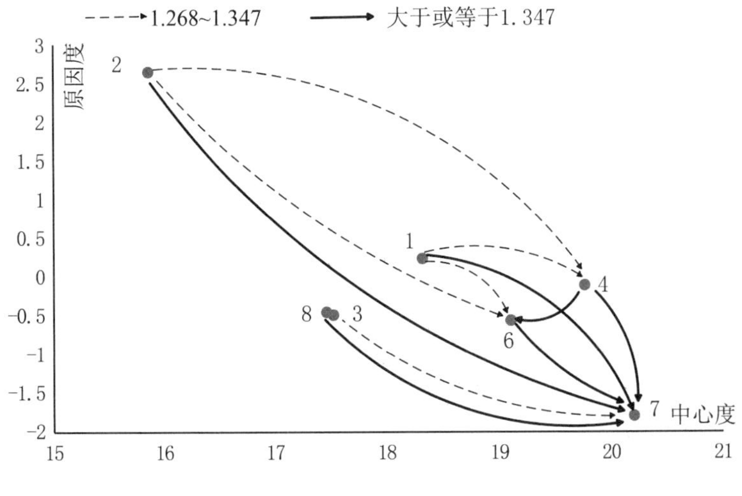


图2-1 因果图

## 四、结论与建议

### 1. 中心度与原因度分析

表 2-7 列出了中心度值最大的前三个因素：MIF7（餐厅加大公筷公勺制的宣传并积极实行）、MIF4（取食筷、进食筷有明显区别，卫生安全、让人安心）及 MIF6（传统文化影响下，公众认为公筷操作麻烦且显得生分）。它们是影响公勺公筷推广效果的关键因素。而 MIF8（餐馆场地、餐具、人力成本的局限性）、MIF2（中国现代共餐文化下菜品种类丰富）及 MIF5（筷子使用的熟练程度），则对公勺公筷推广效果的影响较小。

**表 2-7　中心度值的前三项与后三项**

| 中心度值前三项 | 中心度值后三项 |
|---|---|
| MIF7：餐厅加大公筷公勺制的宣传并积极实行 | MIF8：餐馆场地、餐具、人力成本的局限性 |
| MIF4：取食筷、进食筷有明显区别，卫生安全、让人安心 | MIF2：中国现代共餐文化下菜品种类丰富 |
| MIF6：传统文化影响下，公众认为公筷操作麻烦且显得生分 | MIF5：筷子使用的熟练程度 |

从表 2-8 可见，MIF2（中国现代共餐文化下菜品种类丰富）的原因度值最大，这表明该 MIF 总体上对其他因素影响较大。MIF7（餐厅加大公筷公勺制的宣传并积极实行）的原因度值小于零，且绝对值较大，这表明该 MIF 总体上受其他因素的影响最大。

**表 2-8　原因度值的前三项与后三项**

| 原因度值(大于 0)前三项 | 原因度值(小于 0)后三项 |
|---|---|
| MIF2：中国现代共餐文化下菜品种类丰富 | MIF3：使用公筷前征求朋友意见 |
| MIF5：筷子使用的熟练程度 | MIF6：传统文化影响下，公众认为公筷操作麻烦且显得生分 |
| MIF1：有关部门加强公众的健康教育，宣传体现双筷制的艺术性 | MIF7：餐厅加大公筷公勺制的宣传并积极实行 |

**2. 因果图解析**

由因果图可见，MIF1（有关部门加强公众的健康教育，宣传体现双筷制的艺术性）、MIF2（中国现代共餐文化下菜品种类丰富）、MIF4（取食筷、进食筷有明显区别，卫生安全、让人安心）、MIF6（传统文化影响下，公众认为公筷操作麻烦且显得生分）、MIF8（餐馆场地、餐具、人力成本的局限性），均对MIF7（餐厅加大公筷公勺制的宣传并积极实行）有强影响。其中，MIF1、MIF4 对 MIF7 有促进作用，MIF2、MIF6、MIF8 对 MIF7 有抑制作用。

MIF4（取食筷、进食筷有明显区别，卫生安全、让人安心）对 MIF6（传统文化影响下，公众认为公筷操作麻烦且显得生分）也有强影响，这表明在取食筷、进食筷有明显区别的状况下，可一定程度上缓解公众对公筷的抵触心理，也为今后的推广提供了设计方向。

此外，MIF1（有关部门加强公众的健康教育，宣传体现双筷制的艺术性）与 MIF2（中国现代共餐文化下菜品种类丰富），也分别对 MIF4（取食筷、进食筷有明显区别，卫生安全、让人安心）、MIF6（传统文化影响下，公众认为公筷操作麻烦且显得生分）产生较强影响。这说明有关部门的宣传和重视、丰富的菜品种类能促进公筷产品的设计活动，进而弱化公众使用公筷时的麻烦感受。

MIF3（使用公筷前征求朋友意见）对 MIF7（餐厅加大公筷公勺制的宣传并积极实行）也产生较强影响。由此可见，朋友之间的公筷推广也能促进餐厅对公筷公勺制的施行。

**3. 建议**

基于以上分析结论，我们提出如下两点建议：

(1) 加大公筷公勺制的大力宣传和积极推广。MIF7（餐厅加大公筷公勺制的宣传并积极实行）是公勺公筷推广中最为关键的因素，可见餐厅主动或在有关部门宣传和要求下加大宣传力度并积极实施公筷公勺制，对提升公筷公勺推广效果是至关重要的。MIF3（使用公筷前征求朋友意见）对MIF7 也产生了影响，因此朋友之间的人际推广也能有助于提升公筷公勺的推广效果。

(2) 对公筷公勺进行重新设计，使其使用更方便、对不同菜品的针对性更好，这也将在一定程度上减少人们对公筷公勺的抵制情绪和行为。

## 附录

旋转后的成分矩阵[a]

| | 成分 | | | | | | | |
|---|---|---|---|---|---|---|---|---|
| | 1 | 2 | 3 | 4 | 5 | 6 | 7 | 8 |
| 餐饮组织者的积极建议、热情示范 | 0.740 | | | | | | | |
| 服务人员提醒使用 | 0.732 | | | | | | | |
| 配备特制的筷枕，同时自外向内依次摆放取食筷、进食筷、汤匙 | 0.720 | | | | | | | |
| 餐饮企业积极承担推行公筷公勺制的责任 | 0.694 | | | | | | | |
| 餐厅管理意识、服务意识超前 | 0.540 | 0.424 | | | | | | |
| 餐馆场地、餐具、人力成本的局限性 | | 0.812 | | | | | | |
| 餐厅觉得成本高，增加了运营压力 | | 0.787 | | | | | | |
| 取食筷、进食筷宜有色泽、质料、式样、工艺等的明显区别 | | 0.634 | | | | | | |
| 餐厅实行双筷制摆台服务 | 0.417 | 0.561 | | | | | | |
| 使用公筷显得生分 | | | 0.788 | | | | | |
| 使用公筷可能会被视为矫情、有洁癖 | | | 0.745 | | | | | |
| 公筷操作麻烦 | | | 0.645 | | | | | |
| 筷子使用习惯难以改变 | | | 0.596 | | | 0.502 | | |

（续表）

| | 成分 | | | | | | | |
|---|---|---|---|---|---|---|---|---|
| | 1 | 2 | 3 | 4 | 5 | 6 | 7 | 8 |
| 传统文化的影响 | | | 0.483 | 0.415 | | | | |
| 个人卫生意识 | | | | 0.674 | | | | |
| 使用公筷让人安心 | | | | 0.667 | | | 0.500 | |
| 对公筷的心理接受度 | | | | 0.642 | | | | |
| 公筷便于给客人夹菜，避免尴尬情况发生 | | | | 0.520 | | 0.435 | | |
| 筷子使用的熟练程度 | | | | | 0.807 | | | |
| 双筷容易混用 | | | | | 0.545 | | | |
| 餐厅视宴程节奏与肴馔特质而在适当时段更换筷子 | | 0.400 | | | 0.459 | | | |
| 聚餐时征求朋友意见后再实行 | | | | | | 0.691 | | |
| 加大公筷公勺制的宣传（线上粉丝营销、线下张贴标语） | 0.436 | | | | | 0.581 | | |
| 宣传与体现“双筷制”的艺术性（雅致文化） | | | | | | | 0.715 | |
| 有关部门加强公众的健康教育 | | | | | | | 0.669 | |
| 中国现代共餐文化 | | | | | | | | 0.805 |
| 中式菜品种类的丰富性 | | | | | 0.512 | | | 0.682 |

提取方法：主成分分析法。
旋转方法：凯撒正态化最大方差法。[a]
a. 旋转在12次迭代后已收敛。

## 参考文献


[1] 王明述，王传勇，张海. 论分餐制与双筷制的必要性[J]. 饮食文化研究，2005(1)：95-97.

[2] 郭娟，崔桂友. 公筷公勺制对公众健康隐患的防御及推广措施[J]. 南宁职业技术学院学报，2019，24(3)：16-19.

[3] 杜康，胡洁菲. 推广分餐制、使用公筷公勺，想说爱你不容易[J]. 决策探索，2020(7)：26-27.

[4] 陈天伦. 公务宴会"双筷制"与新时代餐桌文明：对赵荣光教授倡导用筷"革命"的思考[J]. 南宁职业技术学院学报，2013，18(4)：5-8.

[5] 赵荣光. 中华筷与中华餐桌仪礼重构：中华筷子文化解析之二[J]. 南宁职业技术学院学报，2016，21(5)：1-5.

[6] 马庆国. 应用统计学：数理统计方法、数据获取与 SPSS 应用(精要版)[M]. 北京：科学出版社，2005.

第三章

# 消费者对虚拟博物馆的技术接受度

## 一、引言

### 1. 虚拟博物馆的发展与研究现状

虚拟博物馆的出现，是基于我国信息技术的快速发展与国家对提升文化软实力的大力支持，是文化与科技的良好结合，也是传统实体博物馆的数字化发展与延伸。

2022 年，我国线下实体博物馆数量已达到 6 565 家，成为我国公共文化服务体系的重要组成部分。随着社会需求、市场发展与消费者认知的转变，我国博物馆的职能已从最早的收藏研究功能，转向公共教育与文化服务功能，并进一步拓展了休闲游憩与充实人生的功能[1]。博物馆体验设计正逐渐从“以展品为中心”向着“以人为中心”的方向转变。随着新媒体技术与体验设计不断拓宽博物馆的使用情境，虚拟博物馆的概念应运而生。美国博物馆未来中心（Center for the Future of Museums）2017 年的研究报告指出，结合自身的智力资源、数字技术与新的感官再现科技，“用个性化的方式创建一个多感官沉浸式的环境”是未来博物馆重要的发展趋势[2]。

国家文物局、发改委等部门也已启动《“互联网 + 中华文明”三年行动计划》，致力于博物馆的数字化建设。面对充满变数的未来，博物馆等实体展览机构逐渐意识到，仅仅以短期的、应急式的、把线下展览照搬到线上的形式是远远无法满足公众多样化的文化需求的；根据展示平台的特性与用户的需求，尽快建立完善的数字化平台，调整策展方向，有利于完善虚拟博物馆的游览体验，提高重游率，进而应对互联网经济冲击下更严峻的发展形势。

针对博物馆如何采用新技术来增强自身展品的公众接受度，目前学术界已有一定的研究基础。例如，对虚拟博物馆社交属性的拓展[3]、对游览过程中的趣味化与协作化[4]等方面的研究。但目前国内外的研究仍局限于对已有项目的评价，或是对未知项目的制作与对技术实现的讨论，鲜有针对虚拟博物馆中利用到的以 VR 技术为主的新兴技术，以及消费者的接受度与其影响因素的研究。本文将在这一方面进行研究探讨。

**2. 技术接受度模型**

信息技术被使用者接受是一个逐步发生的过程，利用互联网、社交媒体、虚拟现实与大数据等技术实现的虚拟博物馆，是近年来博物馆展示设计升级过程中的新兴形式，消费者对于这一形式的接受程度也同样需要一个发展过程。Davis 首先提出了技术接受度模型（technology acceptance model，TAM）（见图 3-1）来解释和预测这种现象[5]，并被学术界普遍接受。该模型指出，新技术使用者从“态度上接受”到“系统使用”需要一个过程，妨碍这一过程的因素经常会导致信息技术的应用与推广滞后于硬件发展。因此，对于新兴的虚拟博物馆形式，研究消费者/用户的技术接受度，对虚拟博物馆的发展与推广具有十分重要的意义。

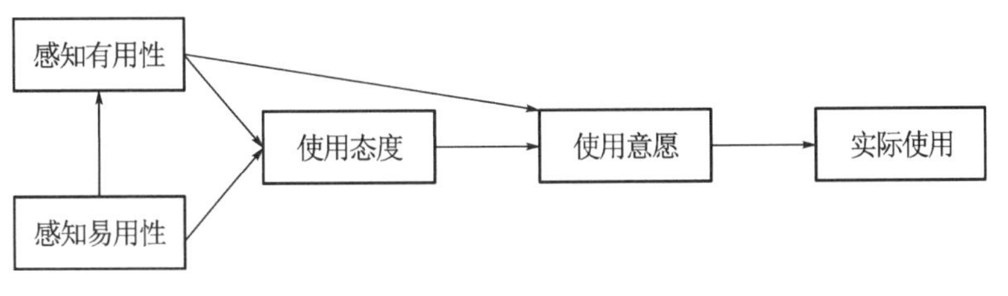


图 3-1　技术接受度模型

本文采用决策实验室法展开量化研究，分析消费者对虚拟博物馆的技术接受度的内部影响机制，提取关键影响因素，从而帮助博物馆工作人员、设计师与政府决策部门等利益相关者，重新审视博物馆数字化的发展方向。

## 二、研究设计

### 1. 基本影响因素分析

本文分析消费者对虚拟博物馆的技术接受度的基本影响因素时，主要基于技术接受度模型角度。

已有研究指出，根据 TAM 的描述，使用者对技术的接受过程主要是通过对“有用性”和“易用性”的感知，并结合其主观因素来决定使用态度，从而决定使用行为的意向[6]。针对虚拟博物馆自身的使用特点，可参照有关研究人员对颠覆传统大众传播模式的新媒介的研究结论。整合多位研究人员的研究与结论，可从感知愉悦性与感知安全性的维度提出影响消费者对虚拟博物馆技术接受度的若干因素[7-10]。其中，感知愉悦性来源于用户在体验设计过程中的心流体验理论，具体是通过“随时随地使用”“具有操控感”“感到被激励”等实现用户在沉浸式体验中的心理与生理上的满足感。

最终，结合多个虚拟博物馆的实际应用案例，本文确定了 4 个维度下共 15 个基本影响因素(PIFs)(见表 3-1)：

(1) 感知易用性维度：消费者认为在使用虚拟博物馆时，操作方便快捷(学习门槛低、交互友好、可随时随地访问)、符合生理习惯(人物行走速度、画面切换速度、与展品间的距离等不让人感到突兀)。

(2) 感知有用性维度：消费者认为使用虚拟博物馆较实地游览可以帮助降低出行成本、获取丰富信息(用户可全方位、多形式地获得与展品有关的背景信息)、提高游览质量(与线下游览相比，能观赏得更加清晰、全面，或有助于线下游览时的决策)。

(3) 感知愉悦性维度：主要从用户的沉浸感与心流体验出发，具体包括虚拟博物馆可以借助先进的技术，提供多感官体验(视觉、嗅觉、触觉、听觉在内的多种仿真体验)、非日常视角(如俯瞰整个博物馆，或以在巨人国中穿梭的视角进行展品游览等)，实现游客与所展示内容的交互(用户可参与并改变展示画面，得到实时反馈)、与虚拟人物的交互(AI 导游、场景角色等根据用户需求提供及时的引导或趣味性互动)和与其他用户的交互(提供团体模式，与同伴实时交流；或自己的操作会影响他人的游览体验），并使游客感受到激励（有效互动得到来自系统、他人的鼓励，或收获金币、礼品等实质性奖励），并且博物馆提供个性化服务跟进（如推送相关展览信息，多形式地记录旅程以帮助用户收藏留念等）。

（4）感知安全性维度：包括品牌保障（有实体博物馆品牌依托，知名度高，大众接受度强，如故宫博物院）、熟人影响（线上线下渠道的社交推荐，或日常生活中看到大家都在使用）、媒体正面评价（官方渠道的有效宣传）。

**表 3-1　影响消费者对虚拟博物馆的技术接受度的基本因素**

| 序号 | 维度 | 基本影响因素 |
|---|---|---|
| 1 | 感知易用性 | 操作方便快捷（学习门槛低，交互友好，可随时随地访问） |
| 2 | | 符合生理习惯（人物行走速度、画面切换速度、与展品间的距离等不让人感到突兀） |
| 3 | 感知有用性 | 降低出行成本（包括节省经费与规避线下游览时的可能风险等） |
| 4 | | 获取丰富信息（用户可全方位、多形式地获得与展品有关的背景信息） |
| 5 | | 提高游览质量（较线下游览时，能观赏得更加清晰、全面，或有助于线下游览时的决策） |
| 6 | 感知愉悦性 | 多感官体验（提供包括视觉、嗅觉、触觉、听觉在内的多种仿真体验） |
| 7 | | 非日常视角（如俯瞰整个博物馆，或以在巨人国中穿梭的视角进行展品游览等） |
| 8 | | 与展示内容交互（用户可参与并改变展示画面，得到实时反馈） |
| 9 | | 与其他用户交互（提供团体模式，与同伴实时交流；或自己的操作会影响他人的游览体验） |

（续表）

| 序号 | 维度 | 基本影响因素 |
|---|---|---|
| 10 | 感知愉悦性 | 与虚拟人物交互（AI 导游、场景角色等根据用户需求提供及时的引导或趣味性互动） |
| 11 | | 感受激励（有效互动得到系统、他人的鼓励，或收获金币、礼品等实质性奖励） |
| 12 | | 个性化服务跟进（如推送相关展览信息，多形式地记录旅程以帮助用户收藏留念等） |
| 13 | 感知安全性 | 品牌保障（有实体博物馆品牌依托，知名度高，大众接受度强，如故宫博物院） |
| 14 | | 熟人影响（线上线下渠道的社交推荐，或日常生活中看到大家都在使用） |
| 15 | | 媒体正面评价（官方渠道的有效宣传） |

**2. 问卷设计与数据分析**

基于上一节提出的 15 个基本影响因素，设计和分发问卷，让受访者对这些因素之间的影响关系进行两两比较。问卷中设置了四种选项，分别为“不影响”（0 分）、“轻度影响”（1 分）、“中度影响”（2 分）和“高度影响”（3 分）。依据是否有过虚拟博物馆游览经历和问卷填写时长进行筛选，最终获得有效问卷 28 份，原始问卷及结果如本章附录所示。

将 28 份有效问卷的数据计算平均值后，得到基本影响因素之间的直接关系矩阵（见表 3-2）。

运算后得到直接/间接关系矩阵（见表 3-3）。通过四分位数计算，得到门槛值为 0.313，将行与列的值均未达到门槛值的两个基本影响因素（“因素 3：降低出行成本”和“因素 14：熟人影响”）从表中删除。

接着，计算中心度（D + R）值与原因度（D − R）值。将中心度值与原因度值分别由高到低排列，如表 3-4 所示。

表 3-2　平均化的直接关系矩阵

| 因子 | 1 | 2 | 3 | 4 | 5 | 6 | 7 | 8 | 9 | 10 | 11 | 12 | 13 | 14 | 15 |
|---|---|---|---|---|---|---|---|---|---|---|---|---|---|---|---|
| **1** | 0.00 | 1.71 | 1.79 | 2.07 | 2.04 | 1.57 | 1.64 | 1.93 | 1.39 | 1.64 | 1.29 | 1.29 | 1.04 | 1.14 | 1.39 |
| **2** | 1.89 | 0.00 | 1.29 | 1.46 | 2.04 | 1.93 | 1.50 | 1.93 | 1.29 | 1.57 | 1.14 | 1.00 | 0.89 | 0.96 | 1.25 |
| **3** | 0.82 | 0.89 | 0.00 | 0.86 | 1.14 | 0.82 | 0.82 | 0.68 | 0.64 | 0.64 | 0.79 | 1.07 | 1.11 | 1.00 | 1.29 |
| **4** | 1.21 | 0.96 | 0.96 | 0.00 | 2.39 | 1.82 | 1.71 | 2.04 | 1.21 | 1.21 | 1.04 | 1.43 | 1.36 | 0.86 | 1.71 |
| **5** | 1.32 | 1.32 | 1.43 | 1.96 | 0.00 | 2.11 | 1.71 | 1.75 | 1.29 | 1.25 | 1.29 | 1.86 | 1.68 | 1.21 | 1.75 |
| **6** | 1.25 | 1.79 | 1.07 | 2.21 | 2.29 | 0.00 | 1.71 | 2.14 | 1.36 | 1.57 | 1.46 | 1.61 | 1.57 | 1.11 | 1.46 |
| **7** | 1.21 | 1.07 | 0.93 | 1.96 | 2.07 | 1.96 | 0.00 | 1.79 | 1.04 | 1.29 | 0.93 | 1.21 | 1.18 | 0.82 | 1.54 |
| **8** | 1.46 | 1.18 | 0.79 | 2.04 | 2.14 | 2.21 | 1.18 | 0.00 | 1.14 | 1.36 | 1.29 | 1.54 | 1.32 | 1.04 | 1.46 |
| **9** | 1.11 | 0.96 | 1.04 | 1.54 | 1.89 | 1.68 | 0.86 | 1.32 | 0.00 | 1.32 | 1.64 | 1.50 | 1.11 | 1.79 | 1.32 |
| **10** | 1.21 | 0.96 | 0.75 | 1.82 | 1.86 | 1.75 | 1.25 | 1.75 | 0.89 | 0.00 | 1.50 | 1.50 | 1.07 | 1.00 | 1.39 |
| **11** | 0.57 | 0.68 | 1.00 | 1.11 | 1.79 | 1.04 | 0.75 | 1.43 | 1.11 | 0.93 | 0.00 | 1.36 | 1.29 | 1.43 | 1.29 |
| **12** | 1.00 | 0.82 | 1.07 | 1.96 | 1.89 | 1.29 | 0.96 | 1.36 | 1.21 | 1.00 | 1.61 | 0.00 | 1.57 | 1.25 | 1.50 |
| **13** | 0.61 | 0.71 | 0.82 | 1.39 | 1.57 | 1.00 | 0.79 | 1.04 | 0.93 | 0.89 | 1.00 | 1.25 | 0.00 | 1.86 | 2.11 |
| **14** | 0.43 | 0.46 | 0.64 | 1.04 | 0.75 | 0.50 | 0.46 | 0.46 | 1.46 | 0.61 | 0.96 | 0.89 | 1.32 | 0.00 | 1.29 |
| **15** | 0.54 | 0.68 | 0.79 | 1.43 | 1.04 | 0.68 | 0.54 | 0.64 | 0.71 | 0.50 | 0.71 | 0.93 | 1.79 | 1.46 | 0.00 |

表 3-3 直接/间接关系矩阵

| 因子 | 1 | 2 | 3 | 4 | 5 | 6 | 7 | 8 | 9 | 10 | 11 | 12 | 13 | 14 | 15 |
|---|---|---|---|---|---|---|---|---|---|---|---|---|---|---|---|
| **1** | 0.219 | 0.284 | | **0.420*** | **0.445*** | **0.367*** | 0.308 | **0.379*** | 0.290 | 0.302 | 0.299 | **0.329*** | **0.318*** | | **0.363*** |
| **2** | 0.284 | 0.201 | | **0.376*** | **0.423*** | **0.363*** | 0.288 | **0.361*** | 0.272 | 0.285 | 0.278 | 0.301 | 0.295 | | **0.338*** |
| **3** | | | | | | | | | | | | | | | |
| **4** | 0.252 | 0.237 | | 0.310 | **0.429*** | **0.353*** | 0.291 | **0.358*** | 0.265 | 0.266 | 0.270 | 0.313 | 0.310 | | **0.352*** |
| **5** | 0.271 | 0.266 | | **0.413*** | **0.358*** | **0.384*** | 0.308 | **0.368*** | 0.284 | 0.283 | 0.297 | **0.349*** | **0.342*** | | **0.376*** |
| **6** | 0.279 | 0.294 | | **0.437*** | **0.467*** | 0.313 | **0.319*** | **0.397*** | 0.297 | 0.307 | **0.315*** | **0.351*** | **0.349*** | | **0.377*** |
| **7** | 0.244 | 0.234 | | **0.378*** | **0.405*** | **0.348*** | 0.213 | **0.339*** | 0.250 | 0.261 | 0.257 | 0.295 | 0.293 | | **0.335*** |
| **8** | 0.265 | 0.249 | | **0.398*** | **0.425*** | **0.372*** | 0.275 | 0.281 | 0.266 | 0.275 | 0.284 | 0.321 | 0.312 | | **0.347*** |
| **9** | 0.233 | 0.223 | | **0.352*** | **0.388*** | **0.327*** | 0.242 | 0.312 | 0.201 | 0.256 | 0.280 | 0.299 | 0.284 | | **0.319*** |
| **10** | 0.239 | 0.225 | | **0.366*** | **0.390*** | **0.333*** | 0.260 | **0.332*** | 0.240 | 0.202 | 0.275 | 0.301 | 0.283 | | **0.323*** |
| **11** | 0.179 | 0.180 | | 0.285 | **0.329*** | 0.257 | 0.201 | 0.270 | 0.213 | 0.204 | 0.175 | 0.253 | 0.251 | | 0.273 |
| **12** | 0.223 | 0.212 | | **0.360*** | **0.379*** | 0.304 | 0.240 | 0.305 | 0.245 | 0.236 | 0.272 | 0.230 | 0.296 | | **0.319*** |
| **13** | 0.178 | 0.179 | | 0.293 | **0.317*** | 0.252 | 0.200 | 0.251 | 0.204 | 0.200 | 0.215 | 0.246 | 0.196 | | 0.303 |
| **14** | | | | | | | | | | | | | | | |
| **15** | 0.143 | 0.146 | | 0.244 | 0.243 | 0.194 | 0.155 | 0.192 | 0.160 | 0.150 | 0.167 | 0.192 | 0.228 | | 0.172 |

注：* 代表值大于门槛值 0.313，空白表示删除行与列的数值均未大于门槛值的因素。

表 3-4 中心度值与原因度值排序

| 类别 | 因素序号 | 因素描述 | 值 |
|---|---|---|---|
| 中心度值 | 5 | 提高游览质量 | **10.329** |
| | 6 | 多感官体验 | **9.617** |
| | 4 | 获取丰富信息 | **9.580** |
| | 8 | 与展示内容交互 | **9.090** |
| | 12 | 个性化服务跟进 | **8.262** |
| | 1 | 操作方便快捷 | **8.201** |
| | 7 | 非日常视角 | 7.945 |
| | 2 | 符合生理习惯 | 7.807 |
| | 10 | 与虚拟人物交互 | 7.773 |
| | 9 | 与其他用户交互 | 7.761 |
| | 13 | 品牌保障 | 7.626 |
| | 15 | 媒体正面评价 | 7.376 |
| | 11 | 感受激励 | 7.220 |
| | 14 | 熟人影响 | 6.269 |
| | 3 | 降低出行成本 | 6.028 |
| 原因度值 | 1 | 操作方便快捷 | 1.611 |
| | 2 | 符合生理习惯 | 1.378 |
| | 7 | 非日常视角 | 0.723 |
| | 10 | 与虚拟人物交互 | 0.713 |
| | 9 | 与其他用户交互 | 0.708 |
| | 6 | 多感官体验 | 0.527 |
| | 8 | 与展示内容交互 | 0.068 |
| | 12 | 个性化服务跟进 | −0.050 |
| | 11 | 感受激励 | −0.221 |
| | 3 | 降低出行成本 | −0.419 |
| | 4 | 获取丰富信息 | −0.565 |
| | 5 | 提高游览质量 | −0.595 |
| | 13 | 品牌保障 | −0.684 |
| | 14 | 熟人影响 | −1.299 |
| | 15 | 媒体正面评价 | −1.895 |

注：表中浅灰色部分为不加以考虑的因素，加粗的数值为大于所有因素中心度值的总平均值(8.059)。

由表 3-4 可见,“因素 5：提高游览质量”“因素 6：多感官体验”“因素 4：获取丰富信息”等三个因素,是影响消费者对虚拟博物馆的技术接受度的关键因素(KIFs)。

原因度方面,原因度值以零为界,正值表示因素偏向为导致类,一个因素的原因度值越大,表明该因素对其他因素的影响越大。负值表示因素偏向为影响类,一个因素的原因度值为负值且绝对值越大,表明该因素受其他因素的影响越大。由表 3-4 可见,“因素 1：操作方便快捷”主要影响其他因素,“因素 15：媒体正面评价”受其他因素影响最大。

在表 3-5、表 3-6 中,分别列举了中心度值与原因度值的前三项与后三项。如前所述,“因素 3：降低出行成本”和“因素 14：熟人影响”两个因素不作考虑。

**表 3-5　中心度值的前三项与后三项**

| (D+R)前三项 | (D+R)后三项 |
|---|---|
| 5　提高游览质量 | 13　品牌保障 |
| 6　多感官体验 | 15　媒体正面评价 |
| 4　获取丰富信息 | 11　感受激励 |

**表 3-6　原因度值的前三项与后三项**

| (D−R)前三项 | (D−R)后三项 |
|---|---|
| 1　操作方便快捷 | 5　提高游览质量 |
| 2　符合生理习惯 | 13　品牌保障 |
| 7　非日常视角 | 15　媒体正面评价 |

### 3. 因果图与影响机制分析

以每个基本影响因素的中心度值、原因度值为一组坐标,绘制因果图(见图 3-2)。

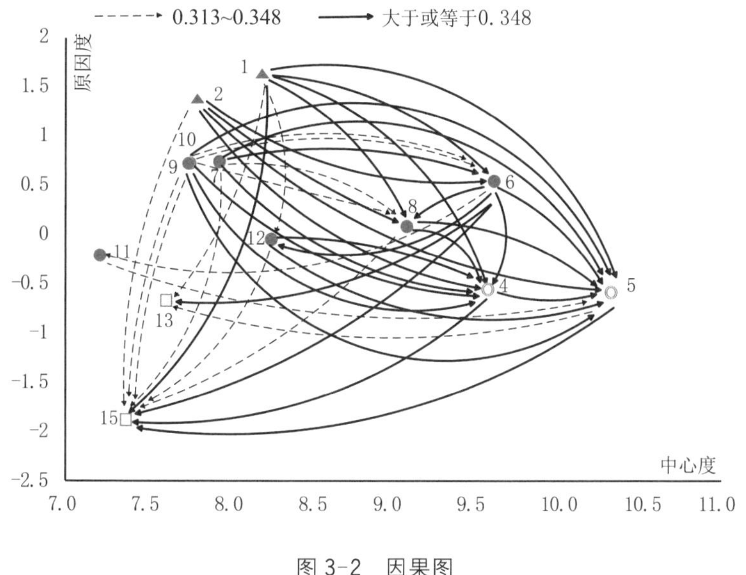


图 3-2 因果图

在因果图中,▲表示感知易用性维度的因素,◎表示感知有用性维度的因素,•表示感知愉悦性维度的因素,□表示感知安全性维度的因素。箭头表示一个因素对另一个因素的影响方向。取直接/间接关系矩阵中大于门槛值0.313的所有值的三分之二位置处,得到数值0.348。一个因素对另一个因素的影响强度高于此值时,以实线绘制,表达强的影响关系;低于此值且高于0.313时,以虚线绘制,表达较强的影响关系。分析因果图,可发现如下信息:

(1) 四个维度之间存在明确的关系,如图3-3所示。感知易用性维度涵盖了主要的导致类因素,对感知愉悦性、感知有用性与感知安全性均有强影响,并且不受其他维度的影响。感知安全性维度涵盖了主要的影响类因素,主要被其他三个维度所影响。感知愉悦性维度对感知有用性维度有很大程度的影响,感知有用性部分因素影响感知愉悦性。

因此,对展览策划者与设计师来说,提升虚拟博物馆用户的感知易用性、降低入门门槛、简化操作方式,能有效实现用户对虚拟博物馆内容与态度的改观。而让用户获得愉悦的体验,也更有利于用户对展览信息与知识的接收。

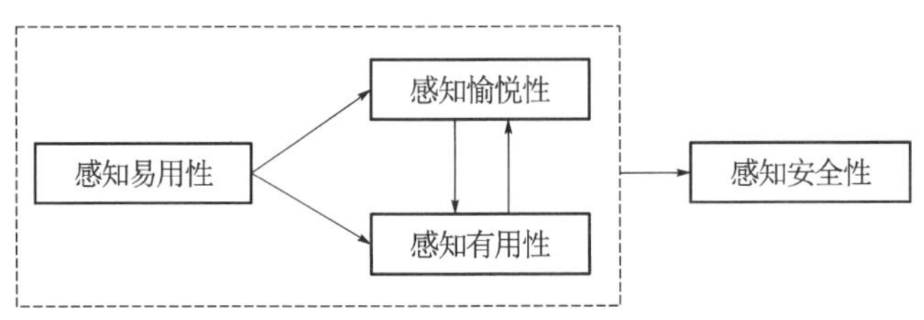


图 3-3　维度之间的影响关系

(2)“因素 4：获取丰富信息”、“因素 5：提高游览质量”、“因素 6：多感官体验”与“因素 8：与展示内容交互”这四个因素间，存在着相互间的强影响关系。完善其中一个因素，可以相应提升用户对其他因素的体验，并促进用户对虚拟博物馆的技术接受度。同时，根据“因素 5：提高游览质量”、“因素 6：多感官体验”与“因素 4：获取丰富信息”为关键影响因素可知，在虚拟博物馆游览过程中，目前用户重要的关注点仍是博物馆展品与内容，以及游览时的临场感。

(3)“因素 15：媒体正面评价”与“因素 13：品牌保障”是主要的被影响因素。由此可见，通过提供体验良好的虚拟博物馆平台，可以反过来帮助巩固实体博物馆品牌，并促进媒体社会传播，有利于实体博物馆的品牌建设与市场推广。

## 三、结论与讨论

以让消费者更好地接受虚拟博物馆这一新技术为出发点，依据上述研究结果与分析，为展览策划者与设计师提供以下建议：

(1) 保证虚拟博物馆的易用性。易用性是消费者接受新技术的基础。操作方便快捷、交互友好、视野画面符合生理习惯、可以随时随地进行访问的虚拟博物馆，更容易提升用户的观展愉悦性及对展示内容的接受程度。基于互联网浏览本身的特点，博物馆方完善数字平台构建，尽量减少浏览中的卡顿、闪退等情况的出现，是构建虚拟博物馆易用性体验的基础。对于设计者来说，可结合不同展品需要的展示方式与移动端平台的交互特点，进行更有针对性的设计。同时，虚拟博物馆界面有及时的文字提示、信息层级明确简洁、没有多余而冗杂的装饰效果等，也有利于提升其易用性。目前，有部分虚拟博物馆尝试采用手势交互等技术，以简化用户操作、帮助用户专注于游览行为本身，这也是对提升虚拟博物馆易用性的有效尝试。

(2) 积极整合文化资源，实现馆际联动，推动共同发展。由前面的分析可知，目前在虚拟博物馆游览过程中，用户的重要关注点仍是博物馆展品与内容，丰富的高质量的信息与体验是虚拟博物馆应当最终呈现给用户的。虚拟博物馆借助互联网与社交媒体，具有可以打破空间界限的优势，能帮助实体博物馆实现馆际联动，是进行文化资源整合的重要平台。文化资源的整合还有利于筛选并呈现精品资源，有助于为用户提供更高质量的展览。

(3) 拓展数字平台功能，构建临场感。“多感官体验”和“与展示内容交互”是消费者对虚拟博物馆技术接受度的最重要的影响因素，由此可见交互性与真实感在虚拟博物馆中的重要作用。虚拟博物馆体验设计中，最重要的是建立观众的临场感。考虑到不同作品需要不同呈现方式，目前许多策展工作者已发现，现有的呈现作品的虚拟展墙或展台过于单调，用户很难仅仅通过放大屏幕获得立体真实的观展体验。目前，已有部分研究提出借助游戏化的手法加强用户与展品的互动，从而帮助用户形成更深刻、独特的记忆；或是借助听觉、嗅觉等实现虚拟环境下的季节、天气、光线等要素的变换，从而完善多感官的仿真体验。

随着用户需求的转变，对于文化知识，用户开始从被动接受转换为主动获取。在虚拟博物馆设计中，博物馆方应充分考虑用户的主观能动性，为用户提供选择的余地，并可以根据大数据分析，更精准地提供个性化服务体验。

对于博物馆方来说，还可促进虚拟博物馆与线下场馆的联动，将虚拟博物馆与实体博物馆的体验侧重点加以区分，让用户在感受到博物馆游览体验线不断延伸的同时，能进行有侧重性的游览选择。同时，可通过打破虚拟博物馆与实体博物馆的界限，形成线上线下相互促进发展的良性态势。

本研究中，原来预估的“规避线下游览风险”在消费者对虚拟博物馆技术接受度的影响因素中，与其他因素并没有较强的影响或被影响关系。由此考虑到，虽然在特定背景下虚拟博物馆数量有了爆发性的增长，但用户选择使用虚拟博物馆，很大程度上并不是“不得不”选择；而应是认为相比较于线下游览，虚拟博物馆可以提供更为完善的高质量的游览体验，使游客收获更丰富的内容。因此有理由相信使用虚拟博物馆是人们体验追求驱动下参观博物馆的重要发展方向。

## 附录：原始问卷及结果

第 1 题　请您根据自己的看法，判断在其他条件不变的情况下，虚拟博物馆操作方便快捷(学习门槛低，交互友好，且可以随时随地访问)对其他方面的影响程度　[矩阵量表题]

**该矩阵题平均分：1.57**

| 题目\选项 | 不影响 | 轻度影响 | 中度影响 | 高度影响 | 平均分 |
|---|---|---|---|---|---|
| 符合生理习惯(人物行走速度、画面切换速度、与展品间的距离等不让人感到突兀) | 5(17.86%) | 6(21.43%) | 9(32.14%) | 8(28.57%) | 1.71 |
| 降低出行成本(包括节省经费与规避线下游览时的可能风险等) | 6(21.43%) | 2(7.14%) | 12(42.86%) | 8(28.57%) | 1.79 |
| 获取丰富信息(用户可全方位、多形式地获得与展品有关的背景信息) | 2(7.14%) | 7(25.00%) | 6(21.43%) | 13(46.43%) | 2.07 |
| 提高游览质量(较线下游览时，能观赏得更加清晰、全面，或有助于线下游览时的决策) | 2(7.14%) | 4(14.29%) | 13(46.43%) | 9(32.14%) | 2.04 |

（续表）

| 题目\选项 | 不影响 | 轻度影响 | 中度影响 | 高度影响 | 平均分 |
|---|---|---|---|---|---|
| 多感官体验（提供包括视觉、嗅觉、触觉、听觉在内的多种仿真体验） | 5(17.86%) | 7(25.00%) | 11(39.29%) | 5(17.86%) | 1.57 |
| 非日常视角（如俯瞰整个博物馆，或以在巨人国中穿梭的视角进行展品游览等） | 5(17.86%) | 5(17.86%) | 13(46.43%) | 5(17.86%) | 1.64 |
| 与展示内容交互（用户可参与并改变展示画面，得到实时反馈） | 3(10.71%) | 4(14.29%) | 13(46.43%) | 8(28.57%) | 1.93 |
| 与其他用户交互（提供团体模式，与同伴实时交流；或自己的操作会影响他人的游览体验） | 5(17.86%) | 12(42.86%) | 6(21.43%) | 5(17.86%) | 1.39 |
| 与虚拟人物交互（AI导游、场景角色等根据用户需求提供及时的引导或趣味性互动） | 5(17.86%) | 6(21.43%) | 11(39.29%) | 6(21.43%) | 1.64 |
| 感受激励（有效互动得到系统、他人的鼓励，或收获金币、礼品等实质性奖励） | 5(17.86%) | 11(39.29%) | 11(39.29%) | 1(3.57%) | 1.29 |
| 个性化服务跟进（如推送相关展览信息，多形式地记录旅程以帮助用户收藏留念等） | 6(21.43%) | 10(35.71%) | 10(35.71%) | 2(7.14%) | 1.29 |
| 品牌保障（有实体博物馆品牌依托，知名度高，大众接受度强，如故宫博物院） | 10(35.71%) | 9(32.14%) | 7(25.00%) | 2(7.14%) | 1.04 |

（续表）

| 题目\选项 | 不影响 | 轻度影响 | 中度影响 | 高度影响 | 平均分 |
|---|---|---|---|---|---|
| 熟人影响（线上线下渠道的社交推荐，或日常生活中看到大家都在使用） | 9(32.14%) | 8(28.57%) | 9(32.14%) | 2(7.14%) | 1.14 |
| 媒体正面评价（官方渠道的有效宣传） | 6(21.43%) | 10(35.71%) | 7(25.00%) | 5(17.86%) | 1.39 |
| 小计 | 74(18.88%) | 101(25.77%) | 138(35.2%) | 79(20.15%) | 1.57 |

第 2 题　请您根据自己的看法，判断在其他条件不变的情况下，虚拟博物馆画面与操作符合生理习惯（人物行走速度、画面切换速度，与展品间的距离等不让人感到突兀）对其他方面的影响程度　[矩阵量表题]

**该矩阵题平均分：1.44**

| 题目\选项 | 不影响 | 轻度影响 | 中度影响 | 高度影响 | 平均分 |
|---|---|---|---|---|---|
| 操作方便快捷 | 5(17.86%) | 2(7.14%) | 12(42.86%) | 9(32.14%) | 1.89 |
| 降低出行成本 | 11(39.29%) | 3(10.71%) | 9(32.14%) | 5(17.86%) | 1.29 |
| 获取丰富信息 | 7(25.00%) | 5(17.86%) | 12(42.86%) | 4(14.29%) | 1.46 |
| 提高游览质量 | 2(7.14%) | 4(14.29%) | 13(46.43%) | 9(32.14%) | 2.04 |
| 多感官体验 | 3(10.71%) | 4(14.29%) | 13(46.43%) | 8(28.57%) | 1.93 |
| 非日常视角 | 4(14.29%) | 11(39.29%) | 8(28.57%) | 5(17.86%) | 1.50 |
| 与展示内容交互 | 2(7.14%) | 3(10.71%) | 18(64.29%) | 5(17.86%) | 1.93 |
| 与其他用户交互 | 6(21.43%) | 12(42.86%) | 6(21.43%) | 4(14.29%) | 1.29 |
| 与虚拟人物交互 | 4(14.29%) | 7(25.00%) | 14(50.00%) | 3(10.71%) | 1.57 |
| 感受激励 | 10(35.71%) | 7(25.00%) | 8(28.57%) | 3(10.71%) | 1.14 |
| 个性化服务跟进 | 10(35.71%) | 9(32.14%) | 8(28.57%) | 1(3.57%) | 1.00 |
| 品牌保障 | 9(32.14%) | 13(46.43%) | 6(21.43%) | 0(0.00%) | 0.89 |
| 熟人影响 | 12(42.86%) | 7(25.00%) | 7(25.00%) | 2(7.14%) | 0.96 |
| 媒体正面评价 | 7(25.00%) | 10(35.71%) | 8(28.57%) | 3(10.71%) | 1.25 |
| 小计 | 92(23.47%) | 97(24.74%) | 142(36.22%) | 61(15.56%) | 1.44 |

第 3 题　请您根据自己的看法，判断在其他条件不变的情况下，虚拟博物馆能降低出行成本（包括节省经费与规避线下游览时的可能风险等）对其他方面的影响程度　[矩阵量表题]

**该矩阵题平均分：0.9**

| 题目\选项 | 不影响 | 轻度影响 | 中度影响 | 高度影响 | 平均分 |
|---|---|---|---|---|---|
| 操作方便快捷 | 13(46.43%) | 8(28.57%) | 6(21.43%) | 1(3.57%) | 0.82 |
| 符合生理习惯 | 13(46.43%) | 7(25.00%) | 6(21.43%) | 2(7.14%) | 0.89 |
| 获取丰富信息 | 12(42.86%) | 10(35.71%) | 4(14.29%) | 2(7.14%) | 0.86 |
| 提高游览质量 | 8(28.57%) | 11(39.29%) | 6(21.43%) | 3(10.71%) | 1.14 |
| 多感官体验 | 13(46.43%) | 8(28.57%) | 6(21.43%) | 1(3.57%) | 0.82 |
| 非日常视角 | 14(50.00%) | 7(25.00%) | 5(17.86%) | 2(7.14%) | 0.82 |
| 与展示内容交互 | 14(50.00%) | 9(32.14%) | 5(17.86%) | 0(0.00%) | 0.68 |
| 与其他用户交互 | 14(50.00%) | 11(39.29%) | 2(7.14%) | 1(3.57%) | 0.64 |
| 与虚拟人物交互 | 15(53.57%) | 8(28.57%) | 5(17.86%) | 0(0.00%) | 0.64 |
| 感受激励 | 14(50.00%) | 7(25.00%) | 6(21.43%) | 1(3.57%) | 0.79 |
| 个性化服务跟进 | 11(39.29%) | 6(21.43%) | 9(32.14%) | 2(7.14%) | 1.07 |
| 品牌保障 | 12(42.86%) | 6(21.43%) | 5(17.86%) | 5(17.86%) | 1.11 |
| 熟人影响 | 12(42.86%) | 9(32.14%) | 2(7.14%) | 5(17.86%) | 1.00 |
| 媒体正面评价 | 7(25.00%) | 9(32.14%) | 9(32.14%) | 3(10.71%) | 1.29 |
| 小计 | 172(43.88%) | 116(29.59%) | 76(19.39%) | 28(7.14%) | 0.90 |

（略）

第 13 题　请您根据自己的看法，判断在其他条件不变的情况下，虚拟博物馆的品牌保障（依托实体博物馆品牌，知名度高，大众接受度强，如故宫博物院）对其他方面的影响程度　[矩阵量表题]

**该矩阵题平均分：1.14**

| 题目\选项 | 不影响 | 轻度影响 | 中度影响 | 高度影响 | 平均分 |
|---|---|---|---|---|---|
| 操作方便快捷 | 16(57.14%) | 7(25.00%) | 5(17.86%) | 0(0.00%) | 0.61 |
| 符合生理习惯 | 17(60.71%) | 4(14.29%) | 5(17.86%) | 2(7.14%) | 0.71 |
| 降低出行成本 | 15(53.57%) | 6(21.43%) | 4(14.29%) | 3(10.71%) | 0.82 |
| 获取丰富信息 | 5(17.86%) | 9(32.14%) | 12(42.86%) | 2(7.14%) | 1.39 |
| 提高游览质量 | 6(21.43%) | 6(21.43%) | 10(35.71%) | 6(21.43%) | 1.57 |
| 多感官体验 | 14(50.00%) | 3(10.71%) | 8(28.57%) | 3(10.71%) | 1.00 |
| 非日常视角 | 16(57.14%) | 4(14.29%) | 6(21.43%) | 2(7.14%) | 0.79 |
| 与展示内容交互 | 11(39.29%) | 7(25.00%) | 8(28.57%) | 2(7.14%) | 1.04 |
| 与其他用户交互 | 10(35.71%) | 10(35.71%) | 8(28.57%) | 0(0.00%) | 0.93 |
| 与虚拟人物交互 | 12(42.86%) | 9(32.14%) | 5(17.86%) | 2(7.14%) | 0.89 |
| 感受激励 | 10(35.71%) | 9(32.14%) | 8(28.57%) | 1(3.57%) | 1.00 |
| 个性化服务跟进 | 10(35.71%) | 6(21.43%) | 7(25.00%) | 5(17.86%) | 1.25 |
| 熟人影响 | 2(7.14%) | 8(28.57%) | 10(35.71%) | 8(28.57%) | 1.86 |
| 媒体正面评价 | 2(7.14%) | 4(14.29%) | 11(39.29%) | 11(39.29%) | 2.11 |
| 小计 | 146(37.24%) | 92(23.47%) | 107(27.3%) | 47(11.99%) | 1.14 |

第 14 题　请您根据自己的看法，判断在其他条件不变的情况下，使用虚拟博物馆的熟人影响（线上线下渠道的社交推荐，或日常生活中看到大家都在使用）对其他方面的影响程度　［矩阵量表题］

**该矩阵题平均分：0.81**

| 题目\选项 | 不影响 | 轻度影响 | 中度影响 | 高度影响 | 平均分 |
|---|---|---|---|---|---|
| 操作方便快捷 | 19(67.86%) | 6(21.43%) | 3(10.71%) | 0(0.00%) | 0.43 |
| 符合生理习惯 | 20(71.43%) | 4(14.29%) | 3(10.71%) | 1(3.57%) | 0.46 |
| 降低出行成本 | 13(46.43%) | 12(42.86%) | 3(10.71%) | 0(0.00%) | 0.64 |
| 获取丰富信息 | 8(28.57%) | 12(42.86%) | 7(25.00%) | 1(3.57%) | 1.04 |
| 提高游览质量 | 12(42.86%) | 11(39.29%) | 5(17.86%) | 0(0.00%) | 0.75 |
| 多感官体验 | 19(67.86%) | 5(17.86%) | 3(10.71%) | 1(3.57%) | 0.50 |
| 非日常视角 | 18(64.29%) | 8(28.57%) | 1(3.57%) | 1(3.57%) | 0.46 |

(续表)

| 题目\选项 | 不影响 | 轻度影响 | 中度影响 | 高度影响 | 平均分 |
|---|---|---|---|---|---|
| 与展示内容交互 | 17(60.71%) | 9(32.14%) | 2(7.14%) | 0(0.00%) | 0.46 |
| 与其他用户交互 | 5(17.86%) | 11(39.29%) | 6(21.43%) | 6(21.43%) | 1.46 |
| 与虚拟人物交互 | 16(57.14%) | 8(28.57%) | 3(10.71%) | 1(3.57%) | 0.61 |
| 感受激励 | 11(39.29%) | 8(28.57%) | 8(28.57%) | 1(3.57%) | 0.96 |
| 个性化服务跟进 | 11(39.29%) | 9(32.14%) | 8(28.57%) | 0(0.00%) | 0.89 |
| 品牌保障 | 7(25.00%) | 8(28.57%) | 10(35.71%) | 3(10.71%) | 1.32 |
| 媒体正面评价 | 6(21.43%) | 13(46.43%) | 4(14.29%) | 5(17.86%) | 1.29 |
| 小计 | 182(46.43%) | 124(31.63%) | 66(16.84%) | 20(5.1%) | 0.81 |

第 15 题　请您根据自己的看法，判断在其他条件不变的情况下，虚拟博物馆的媒体正面评价(官方渠道的有效宣传)对其他方面的影响程度　[矩阵量表题]

**该矩阵题平均分：0.89**

| 题目\选项 | 不影响 | 轻度影响 | 中度影响 | 高度影响 | 平均分 |
|---|---|---|---|---|---|
| 操作方便快捷 | 20(71.43%) | 2(7.14%) | 5(17.86%) | 1(3.57%) | 0.54 |
| 符合生理习惯 | 19(67.86%) | 1(3.57%) | 6(21.43%) | 2(7.14%) | 0.68 |
| 降低出行成本 | 14(50.00%) | 8(28.57%) | 4(14.29%) | 2(7.14%) | 0.79 |
| 获取丰富信息 | 5(17.86%) | 10(35.71%) | 9(32.14%) | 4(14.29%) | 1.43 |
| 提高游览质量 | 12(42.86%) | 5(17.86%) | 9(32.14%) | 2(7.14%) | 1.04 |
| 多感官体验 | 17(60.71%) | 4(14.29%) | 6(21.43%) | 1(3.57%) | 0.68 |
| 非日常视角 | 17(60.71%) | 8(28.57%) | 2(7.14%) | 1(3.57%) | 0.54 |
| 与展示内容交互 | 15(53.57%) | 8(28.57%) | 5(17.86%) | 0(0.00%) | 0.64 |
| 与其他用户交互 | 15(53.57%) | 6(21.43%) | 7(25.00%) | 0(0.00%) | 0.71 |
| 与虚拟人物交互 | 19(67.86%) | 5(17.86%) | 3(10.71%) | 1(3.57%) | 0.50 |
| 感受激励 | 14(50.00%) | 8(28.57%) | 6(21.43%) | 0(0.00%) | 0.71 |
| 个性化服务跟进 | 12(42.86%) | 7(25.00%) | 8(28.57%) | 1(3.57%) | 0.93 |
| 品牌保障 | 2(7.14%) | 9(32.14%) | 10(35.71%) | 7(25.00%) | 1.79 |
| 熟人影响 | 3(10.71%) | 12(42.86%) | 10(35.71%) | 3(10.71%) | 1.46 |
| 小计 | 184(46.94%) | 93(23.72%) | 90(22.96%) | 25(6.38%) | 0.89 |

## 参考文献

[1] 黄凯,李文君.从局限性分析到针对性实践：关于突破科技博物馆主题展览设计困局的思考[J].自然科学博物馆研究,2018(2)：47-54.

[2] 伊丽莎白·梅里特,谢颖.美国博物馆趋势观察：2017[J].中国博物馆,2017(3)：70-77.

[3] Falk J H. Identity and the museum visitor experience[M]. Walnut Creek：Left Coast Press，2016.

[4] Asai K，Sugimoto Y，Billinghurst M. Exhibition of lunar surface navigation system facilitating collaboration between children and parents in science museum[C]//Proceedings of the 9th ACM SIGGRAPH Conference on Virtual-Reality Continuum and its Applications in Industry. ACM，2010：119-124.

[5] Davis F D. Perceived usefulness，perceived ease of use，and user acceptance of information technology[J]. MIS Quarterly，1989(3)：319-340.

[6] 高芙蓉,高雪莲.国外信息技术接受模型研究述评[J].研究与发展管理,2011(2)：95-105.

[7] 张晓,李晓红.中国传媒业发展应进行真正有效调控：以广电为例论新电视格局理论的缺失[J].市场观察,2005(10)：90-92.

[8] Jung Y，Perez-Mira B，Wiley-Patton S. Consumer adoption of mobile TV：examining psychological flow and media content[J]. Computers in Human Behavior，2009,25(1)：123-129.

[9] Shin D H. The evaluation of user experience of the virtual world in relation to extrinsic and intrinsic motivation[J]. International journal of human-computer interaction，2009,25(6)：530-553.

[10] 方雪琴.IPTV受众消费行为研究[D].武汉：华中科技大学,2008.

第四章

# 牙病患者在牙科就诊时的焦虑情绪

## 一、引言

牙科焦虑症又称牙科恐惧症(Dental Phobia，DP)、牙科畏惧症(Dental Fear，DF)[1]。据统计，在就诊患者中，牙科焦虑症发生的比率高达50%，其中6%～20%的患者具有严重的牙科焦虑症状[2]。患者出于对疼痛或未知的恐惧，对牙科治疗设备(如牙钻、拔牙钳等)的恐惧，或童年时期的口腔治疗经历等因素[3]，表现出对于牙齿治疗的畏惧和焦虑心理，出现心悸、肌肉紧张、面色苍白等情况，行为上表现为无法配合医生治疗、延缓就诊乃至拒绝就诊[4]。这导致患者延误必要的检查，牙齿问题恶化并影响自己的身体健康。

有研究发现，牙科就诊焦虑情绪已发展成为牙科治疗的第二大障碍[5]。一项成人拔牙前焦虑状况的调查分析指出了12项影响患者拔牙时情绪的因素，其中最让患者担心的事件是疼痛和害怕注射麻药[6]。一项关于成人牙科焦虑症患者的心理分析研究，从牙科患者、口腔治疗和牙科医生三个方面分析了患者的焦虑心理，指出了影响焦虑的7个因素并提出解决方案[7]；另有一些研究分别指出了性别、年龄、牙科治疗史、童年时期创伤就诊经历、缺乏正确的认识及担心医技等因素对牙科焦虑的影响作用[6][8-14]。针对牙科焦虑问题，有研究研制了DAS量表、MDAS量表和DFS量表，用以衡量牙科就诊焦虑程度[15]，这在一定程度上反映了牙科就诊焦虑的原因。此外，有一些研究还针对牙科就诊焦虑问题提出了相关应对方案[16-18]。

目前大部分研究是从某一角度或几个方面出发对牙科就诊焦虑情绪进行研究，无法完整清晰地概括整个问题的全貌，难以帮助研究人员看清问题的实质。

本文借助决策实验室法对就诊体验中的牙科焦虑问题进行较全面分析。在对牙科就诊时焦虑情绪的基本影响因素进行整理的基础上，运用因子分析法归纳主要影响因素，最终采用决策实验室法认清牙科就诊焦虑情绪的关键影响因素和内在影响机制。

## 二、牙科就诊焦虑情绪的主要影响因素

### 1. 牙科就诊焦虑情绪的基本影响因素分析

基于文献检索和用户访谈、绘制旅程地图（见图 4-1）等，整理出 31 个影响牙科就诊焦虑情绪的相关因素，如表 4-1 所列。

**表 4-1　牙科就诊焦虑情绪的基本影响因素**

| 分类 | 编号 | 基本影响因素 |
| --- | --- | --- |
| 就诊经历 | 1-1 | 童年时期创伤性就诊经历 |
| 就诊经历 | 1-2 | 有无牙科治疗史 |
| 就诊经历 | 1-3 | 牙齿健康状况 |
| 就诊经历 | 1-4 | 牙科疾病认识程度 |
| 心理因素 | 2-1 | 未知感 |
| 心理因素 | 2-2 | 想象力 |
| 心理因素 | 2-3 | 就诊过程的可控性 |
| 心理因素 | 2-4 | 他人的负面信息 |
| 心理因素 | 2-5 | 焦虑型人格 |
| 心理因素 | 2-6 | 难堪感 |

（续表）

| 分类 | 编号 | 基本影响因素 |
| --- | --- | --- |
| 心理因素 | 2-7 | 注意力集中 |
| 生理因素 | 3-1 | 疼痛感 |
| 生理因素 | 3-2 | 疲劳程度 |
| 生理因素 | 3-3 | 与牙医的沟通障碍 |
| 生理因素 | 3-4 | 唾液分泌 |
| 生理因素 | 3-5 | 流血 |
| 生理因素 | 3-6 | 开口时间长 |
| 五感 | 4-1 | 牙科钻声音 |
| 五感 | 4-2 | 牙科特有气味 |
| 五感 | 4-3 | 牙科器械靠近(镊子牙钻等) |
| 五感 | 4-4 | 牙医的靠近 |
| 服务因素 | 5-1 | 就诊流程复杂 |
| 服务因素 | 5-2 | 反复就诊 |
| 服务因素 | 5-3 | 就诊时长 |
| 服务因素 | 5-4 | 诊所环境 |
| 服务因素 | 5-5 | 牙医的态度 |
| 服务因素 | 5-6 | 医术精湛程度 |
| 基本信息 | 6-1 | 性别因素 |
| 基本信息 | 6-2 | 年龄因素 |
| 基本信息 | 6-3 | 教育水平因素 |
| 基本信息 | 6-4 | 收入因素 |

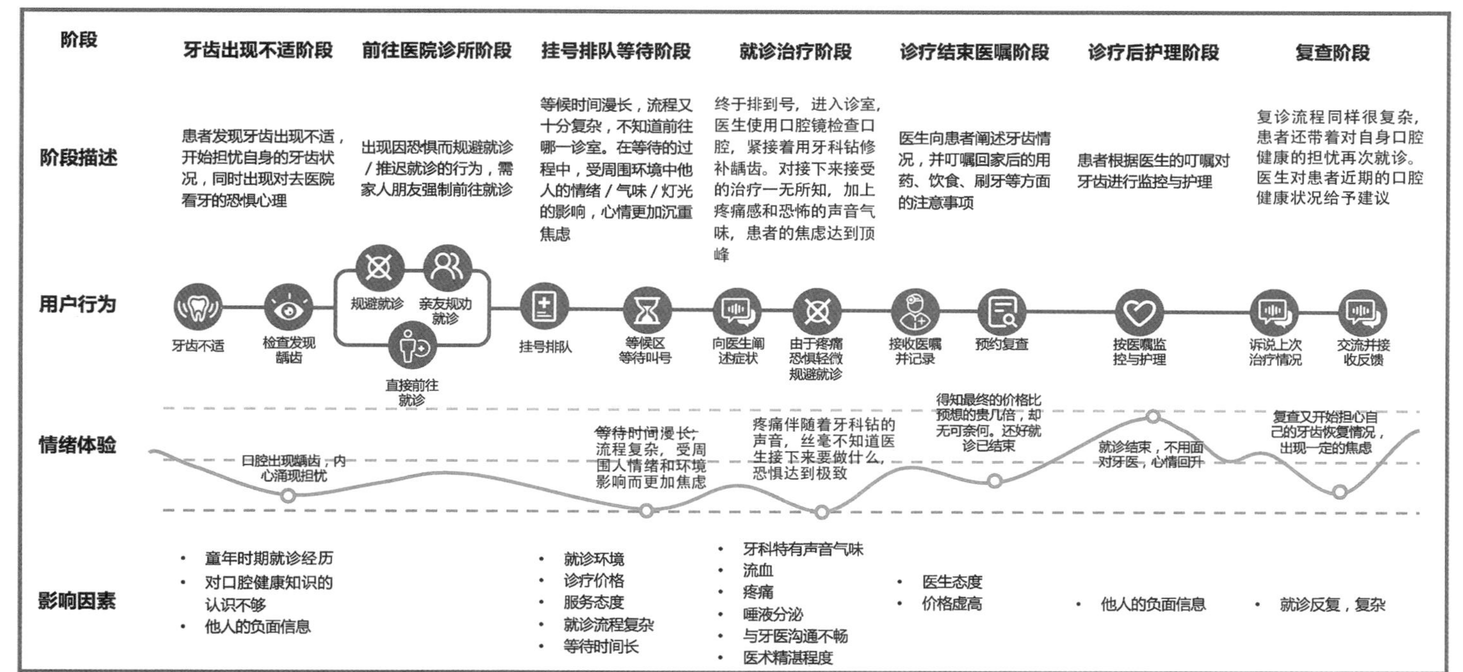


图 4-1　口腔门诊就诊患者旅程地图

### 2. 主要影响因素归纳

通过问卷进行用户调研，邀请受访者对上述31个基本影响因素对牙科焦虑情绪的影响程度进行评判。具有牙科就诊经历的54位成年人反馈了有效问卷。

运用SPSS软件对数据进行因子分析，提取出13个公因子。据此归纳、总结出牙科就诊焦虑的13个主要影响因素，如表4-2所列，包含：①环境因素，②沟通因素，③认知因素，④生理因素，⑤心理因素，⑥个体因素，⑦社会因素，⑧价格因素，⑨就诊流程，⑩服务因素，⑪年龄因素，⑫性别因素，⑬教育因素。

本文将这些因素归纳为患者端、环境端和沟通因素三方面，如图4-2所示。

**表4-2　牙科就诊焦虑情绪的主要影响因素**

| 编号 | MIFs | MIFs描述 | 所含的PIFs |
|---|---|---|---|
| 1 | 环境因素 | 牙科特有的声音、气味，器械的靠近 | 牙科钻特有的声音气味，医生和牙科器械的靠近 |
| 2 | 沟通因素 | 与牙医的沟通障碍 | 与牙医的沟通障碍，开口时间长，就诊过程的可控性 |
| 3 | 认知因素 | 对牙科疾病的认识程度不够 | 牙科疾病的认识程度，有无牙科治疗史 |
| 4 | 生理因素 | 疼痛、流血、唾液分泌等五感 | 唾液分泌，流血，疼痛感，疲劳程度 |
| 5 | 心理因素 | 对治疗的负面联想与恐惧 | 未知感，想象力，焦虑型人格 |
| 6 | 个体因素 | 个人牙齿健康状况及牙齿治疗经历等 | 童年时创伤性就诊经历，牙齿健康状况 |
| 7 | 社会因素 | 负面信息的传播 | 他人的负面信息 |
| 8 | 价格因素 | 治疗费用不透明 | 治疗费用虚高 |
| 9 | 就诊流程 | 就诊流程复杂、反复、时间长 | 就诊流程复杂，反复就诊，就诊时间长 |
| 10 | 服务因素 | 医生的态度及医术精湛程度等 | 牙医的态度，医术精湛程度，诊所环境 |

(续表)

| 编号 | MIFs | MIFs 描述 | 所含的 PIFs |
|---|---|---|---|
| 11 | 年龄因素 | 年龄差异对牙科就诊焦虑的影响 | 年龄差异 |
| 12 | 性别因素 | 性别差异对牙科就诊焦虑的影响 | 性别差异 |
| 13 | 教育因素 | 教育水平差异对牙科就诊焦虑的影响 | 教育水平差异 |

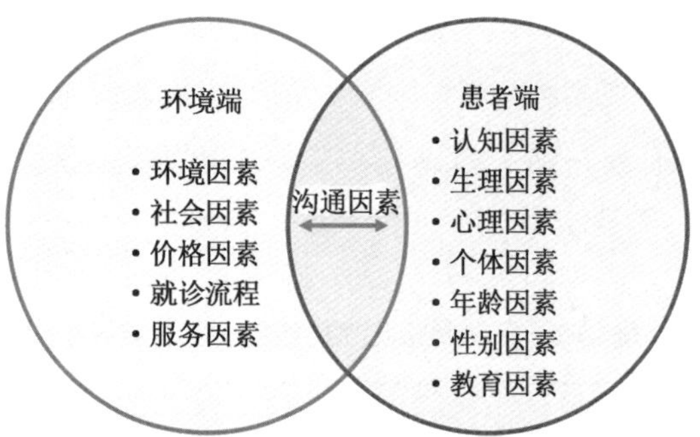


图 4-2　13 个主要影响因素

## 三、焦虑情绪的影响机制

### 1. 问卷设计与数据统计

以 13 个主要影响因素设计决策实验室法问卷，通过线上问卷和线下访谈的用户调研方式，邀请受访者评判任意两个 MIFs 之间的影响关系。将影响关系定义为四个级别：“无影响”(1 分)、“轻微影响”(2 分)、“一般影响”(3 分)、“非常影响”(4 分)。共调研了年龄在 18 岁以上、有牙科就诊经历的牙病患者 52 名。根据问卷填写耗时甄别，以及年龄与经历限制条件筛选后，确认其中 50 份问卷为有效问卷。

以有效问卷数据建立直接关系矩阵，并对直接关系矩阵进行标准化处理，运算后得到直接/间接关系矩阵，如表 4-3 所示。求出矩阵中所有元素值的四分位数 Q3(0.880)，以此值作为 MIFs 之间影响强度的门槛值。

表 4-3 直接/间接关系矩阵

| 因子 | 1 | 2 | 3 | 4 | 5 | 6 | 7 | 8 | 9 | 10 | 11 | 12 | 13 |
|---|---|---|---|---|---|---|---|---|---|---|---|---|---|
| 1 | 0.703 | 0.866 | 0.833 | 0.803 | **0.926*** | 0.812 | 0.808 | 0.741 | 0.798 | 0.792 | 0.650 | 0.581 | 0.657 |
| 2 | 0.799 | 0.822 | 0.874 | 0.827 | **0.958*** | 0.846 | 0.837 | 0.765 | 0.833 | 0.825 | 0.670 | 0.600 | 0.676 |
| 3 | 0.821 | **0.926*** | 0.813 | 0.845 | **0.977*** | 0.871 | 0.863 | 0.788 | 0.847 | 0.836 | 0.688 | 0.614 | 0.696 |
| 4 | 0.839 | **0.944*** | **0.908*** | 0.795 | **1.007*** | **0.896*** | **0.882*** | 0.802 | 0.868 | 0.861 | 0.709 | 0.638 | 0.711 |
| 5 | 0.861 | **0.965*** | **0.930*** | **0.890*** | **0.934*** | **0.908*** | **0.903*** | 0.817 | **0.887*** | 0.874 | 0.721 | 0.647 | 0.728 |
| 6 | 0.813 | **0.915*** | **0.888*** | 0.845 | **0.972*** | 0.787 | 0.852 | 0.779 | 0.840 | 0.831 | 0.681 | 0.613 | 0.690 |
| 7 | 0.804 | **0.905*** | **0.882*** | 0.829 | **0.965*** | 0.851 | 0.775 | 0.781 | 0.835 | 0.822 | 0.681 | 0.611 | 0.687 |
| 8 | 0.800 | **0.904*** | 0.871 | 0.828 | **0.960*** | 0.853 | 0.861 | 0.707 | 0.837 | 0.830 | 0.679 | 0.613 | 0.687 |
| 9 | 0.816 | **0.924*** | **0.890*** | 0.853 | **0.982*** | 0.868 | 0.869 | 0.788 | 0.776 | 0.841 | 0.690 | 0.619 | 0.694 |
| 10 | **0.887*** | **1.003*** | **0.959*** | 0.921 | **1.056*** | **0.938*** | **0.932*** | 0.855 | **0.924*** | 0.829 | 0.743 | 0.672 | 0.753 |
| 11 | 0.816 | 0.927 | **0.902*** | 0.855 | **0.983*** | **0.880*** | 0.860 | 0.782 | 0.851 | 0.834 | 0.633 | 0.623 | 0.701 |
| 12 | 0.709 | 0.798 | 0.771 | 0.745 | 0.852 | 0.755 | 0.747 | 0.683 | 0.735 | 0.728 | 0.602 | 0.493 | 0.613 |
| 13 | 0.823 | 0.931 | **0.906*** | 0.851 | **0.980*** | 0.877 | 0.870 | 0.793 | 0.848 | 0.842 | 0.694 | 0.625 | 0.641 |

计算出13个主要影响因素的中心度(D+R)值和原因度(D−R)值,整理成表4-4,可得到中心度值高于所有MIFs中心度值均值的8个因素,由高到低依次为:心理因素、服务因素、沟通因素、认知因素、生理因素、个体因素、就诊流程和社会因素。此外,可看到心理因素、沟通因素、认知因素和生理因素的原因度值为负值。

**表4-4 MIFs的中心度值和原因度值**

| 因子序号 | MIFs | 中心度值 | 因子序号 | MIFs | 原因度值 |
|---|---|---|---|---|---|
| 5 | 心理因素 | **23.615 75*** | 11 | 年龄因素 | 1.803 706 0 |
| 10 | 服务因素 | **22.217 70*** | 13 | 教育因素 | 1.746 027 0 |
| 2 | 沟通因素 | **22.160 65*** | 12 | 性别因素 | 1.283 573 0 |
| 3 | 认知因素 | **22.010 66*** | 10 | 服务因素 | 0.729 289 1 |
| 4 | 生理因素 | **21.747 79*** | 8 | 价格因素 | 0.350 701 3 |
| 6 | 个体因素 | **21.647 18*** | 4 | 生理因素 | −0.026 337 6 |
| 9 | 就诊流程 | **21.492 91*** | 9 | 就诊流程 | −0.267 442 7 |
| 7 | 社会因素 | **21.486 80*** | 1 | 环境因素 | −0.522 589 7 |
| 8 | 价格因素 | 20.511 68 | 7 | 社会因素 | −0.629 003 5 |
| 1 | 环境因素 | 20.460 86 | 6 | 个体因素 | −0.637 545 6 |
| 13 | 教育因素 | 19.616 16 | 3 | 认知因素 | −0.842 841 1 |
| 11 | 年龄因素 | 19.487 27 | 5 | 心理因素 | −1.489 462 0 |
| 12 | 性别因素 | 17.179 56 | 2 | 沟通因素 | −1.498 072 0 |
| 平均值 | | 21.048 843 8 | — | | — |

**2. 因果图分析**

以MIF的中心度值、原因度值进行因果图绘制,如图4-3所示,其中横轴代表中心度(D+R),纵轴代表原因度(D−R)。在因果图中,▲表示环境方面的因素,□表示沟通方面的因素,●表示患者方面的因素,粗实线代表MIFs之间具有强影响关系,细实线表示较强影响关系,虚线表示影响关系较弱。例如因素10(服务因素)对因素5(心理因素)有强影响关系,这表明若想改善患者内心的恐惧，可首先从医疗服务出发，建立良好的医疗服务系统，带给患者良好的服务体验。

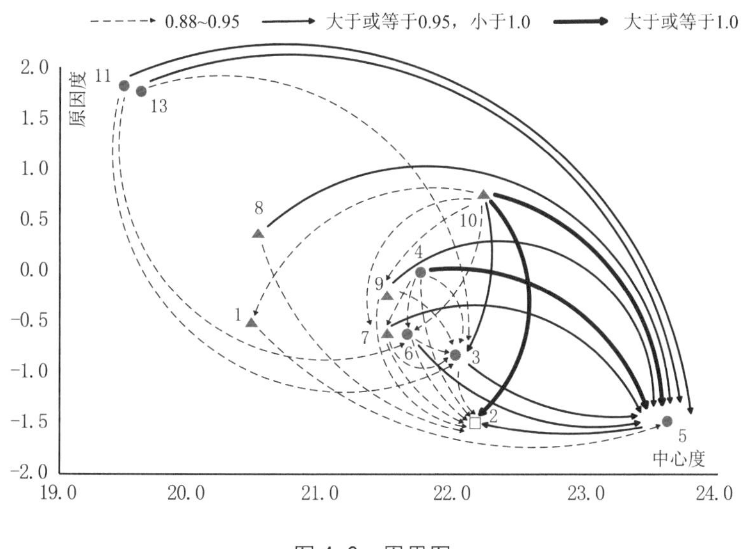


图 4-3　因果图

## 四、结论与建议

### 1. 因果图解析

由中心度值前三项 MIFs 可见，牙科患者就诊焦虑情绪的关键影响因素为：心理因素、服务因素和沟通因素。其中，心理因素的中心度值远高于其他因素的值，表明心理因素（对治疗的负面联想与恐惧）是影响焦虑情绪的支配性因素，也是解决焦虑情绪问题的最重要的抓手。

个人基本信息类因素（即年龄、教育、性别）的原因度值较大，总体上对其他 MIFs 产生影响。原因度值为正的还有服务因素、价格因素。其中，服务因素（即医生的态度、医术精湛程度等）对其他因素的影响较为明显。

在因果图中可见，环境端的因素更起到影响其他因素的作用，尤其影响患者自身的生理、心理及认知等。患者端的因素更容易受到外界环境因素的影响。此外由直接/间接关系矩阵可以看到，性别因素对焦虑情绪没有太大的影响，可以认为性别差异对牙科就诊焦虑情绪的影响不大。从因果图中也可看到,服务因素对心理因素、沟通因素均具有强影响作用,而患者受教育程度对其认知也有强影响作用。

根据以上分析,本文提出如下建议:

(1) 加强人性化服务设计,健全一站式诊疗流程。服务因素、就诊流程与沟通因素的影响关系如图 4-4 所示。服务质量是影响其他因素的关键方面。服务质量差,将导致就诊流程反复且时间长,进而妨碍患者与医生之间的沟通状况,而若缺乏及时有效的沟通,则将加深患者的焦虑心理。

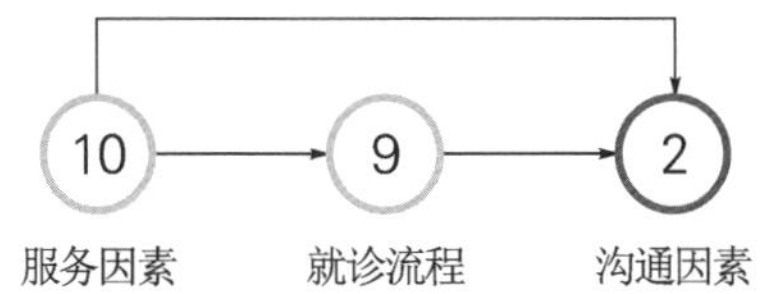


图 4-4　服务因素对就诊流程和沟通因素的直接和间接影响

因此,第一,可从改良医院、诊所的服务态度和服务质量入手。医生应向患者做更耐心的讲解,从而给患者更多的安全感。配备具备丰富口腔临床知识和熟悉医院布局的人员作为导诊人员,根据患者的主诉症状和疾病的轻重缓急,初步判断需要就诊的口腔科室,进行合理分诊,改善就诊流程复杂且反复的现状[7]。第二,从中心度值较高的就诊流程因素入手,建立健全一站式诊疗流程,通过统计各检查部门设备的服务检查负荷,确定瓶颈部门作为服务流程改造重点。可利用排队论模型优化和医院信息系统的支持,合理安排患者检查的先后次序,使所有患者的检查时间累积值最少,等候时间最短,并有效提高设备的利用率[19]。

(2) 通过游戏化内容辅助患者认知,分散患者注意力。服务因素对心理因素的影响,除了直接影响外,还有着间接影响(见图 4-5),即服务质量差会导致负面信息的传播,进而导致患者对治疗认知的偏差,从而造成了心理恐惧;此外,医生技艺水平差异会导致有不同程度的疼痛流血,进而给患者留下不好的就诊经历及造成其认知上的偏差,从而加剧恐惧心理。

因此,第一,应建立良好的服务口碑,提高医生自身的技艺水平,尽可能减轻患者的疼痛状况,进而减少负面信息的传播。第二,从生理因素入手,

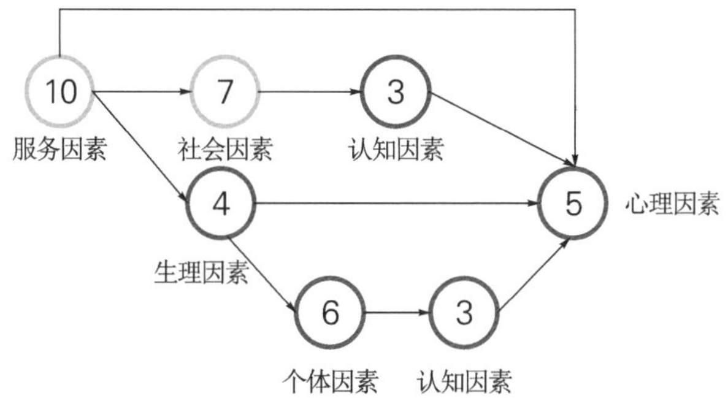


图 4-5　服务因素对其他 6 个因素的直接和间接影响

采用注意力分散法或放松法，在放松的状态下减轻患者的病痛[1]。第三，从认知因素入手，采用认知行为疗法，并结合现有的先进技术（如计算机化认知行为疗法）、游戏化认知教育、虚拟现实和增强现实相结合的技术等手段，纠正患者的错误认知[18]。

（3）诊疗费用透明化，诊疗环境人性化。可以看到，价格因素和环境因素对心理因素也有直接的影响（见图 4-6）。牙科诊疗费用贵给牙病患者带来一定的心理压力，可导致他们拒绝就诊或拖延就诊。此外，牙科特有的噪声和气味会让患者感到内心恐惧。

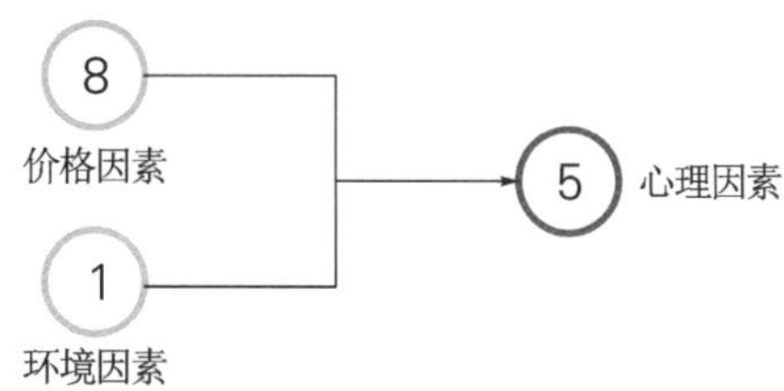


图 4-6　价格因素和环境因素对心理因素的影响

因此，可从价格因素入手，让诊疗收费透明化。可设计一体化综合信息平台系统，将各项诊疗平均价格进行公示。此外，可从环境因素入手：虽然环境噪声和气味无法避免，但可以结合芳香疗法或音乐疗法进行舒缓与放松[17][19-21]。

（4）诊疗机构可对患者进行正确的宣传和引导。教育因素对认知因素也有强影响作用。可以认为，教育水平越高，对牙科健康知识认识越全面。虽然教育因素一时难以改变，但在服务过程中有针对性地对牙病患者进行牙科疾病知识的普及，能在一定程度上及时帮助患者提升对牙病的认知水平。

## 参考文献

[1] Dumitrache M A, Neacsu V, Sfeatcu I R. Efficiency of cognitive technique in reducing dental anxiety[J]. Procedia — Social and Behavioral Sciences, 2014, 149: 302-306.

[2] Gordon D, Heimberg R G, Tellez M. A critical review of approaches to the treatment of dental anxiety in adults, Dina Gordon[J]. Journal of Anxiety Disorders, 2013, 27(4): 365-378.

[3] 辛伦忠. 成人牙科焦虑症及其相关因素的临床研究[J]. 广东医学, 2006(12): 1895-1897.

[4] 李伟，张沙沙，胡红梅，等. 口腔门诊牙科焦虑的相关因素调查及分析[J]. 基层医学论坛，2017, 21(23): 3041-3042.

[5] Neacsu V, Steatcu I R, Maru N, et al. Relaxation and systematic desensitization in reducing dental anxiety[J]. Procedia — Social and Behavioral Sciences, 2014, 127: 474-478.

[6] 王雁. 拔牙患者牙科焦虑症的分析[C]//中华口腔医学会全科口腔医学专业委员会，中国国际科技交流中心. 中华口腔医学会第九次全科口腔医学学术会议论文汇编，中华口腔医学会，2018: 1.

[7] 江霞，陈哲，方丹苗，等. 成人牙科焦虑症患者的心理分析及护理对策[J]. 全科口腔医学电子杂志，2019, 6(5): 64+70.

[8] 仇成豪，钱文昊，余优成. 口腔门诊成人患者牙科焦虑临床相关因素的分析[J]. 中华诊断学电子杂志，2018, 6(3): 167-171.

[9] 林天赐，黄达鸿，雷凤翔，等. 老年种植修复患者牙科焦虑症相关因素的调查研究[J]. 中华老年口腔医学杂志，2018, 16(4): 229-233.

[10] 乐明，刘舒萍. 某高校大学生牙科焦虑症的原因及护理干预的探讨[J]. 江汉大学学报（自然科学版），2018, 46(2): 176-179.

[11] 陈岱韵，李俊福，姜娟，等. 口腔修复患者牙科焦虑症影响因素调查分析[J]. 泰山医

学院学报，2017，38(10)：1111-1113.

[12] 王艳，齐万华，单连启，等. 口腔门诊患者牙科焦虑症的影响因素[J]. 中国健康心理学杂志，2014，22(1)：25-26.

[13] 梁焕友，彭助力，潘集阳，等. 牙科畏惧调查(DFS)量表中文版的研制与评价[J]. 中山大学学报(医学科学版)，2006(2)：236-240.

[14] 黄晓晶，钟声，马忠雄，等. 成人牙科畏惧症的研究进展[J]. 国外医学(口腔医学分册)，2013(3)：242-243+246.

[15] Kent G，Rubin G，Getz T，et al. Development of a scale to measure the social and psychological effects of severe dental anxiety：social attributes of the Dental Anxiety Scale[J]. Community Dentistry and Oral Epidemiology，1996，24：394-397.

[16] Mejia-Rubalcava C，Alanis-Tavira J. Changes induced by music therapy to physiologic parameters in patients with dental anxiety[J]. Complementary Therapies in Clinical Practice，2015，21(4)：282-286.

[17] Lehrner J，Marwinski G，Lehr S，et al. Ambient odors of orange and lavender reduce anxiety and improve mood in a dental office[J]. Physiology & Behavior，2015，86(1-2)：92-95.

[18] Raghav K，Van Wijk A J，Abdullah F，et al. Efficacy of virtual reality exposure therapy for the treatment of dental phobia in adults：a randomized controlled trial[J]. Journal of Anxiety Disorders，2019，62：100-108.

[19] 关为群，彭永麟. 门诊口腔患者就医瓶颈分析与改进[J]. 当代医学，2009，15(27)：23-24.

[20] 任益炯，陶素莉，张澄宇. 门诊预约患者满意度指标体系的建立及应用[J]. 解放军医院管理杂志，2011，18(9)：836-838.

[21] 欧崇阳. 以患者为中心的医疗服务质量测量体系设计[J]. 海军医学杂志，2011，32(3)：197-199.

第五章

# 健身游戏叙事性对运动积极性的影响

## 一、引言

健身游戏来源于积极视频游戏[1]。由于坐姿类电子游戏因手柄、键盘等外设的普及,日益固化为指尖上的运动,使得玩家屏幕使用时间长,于是人们试图开发能引导身体进行积极性运动的游戏[2]。而此类融合有一定强度身体运动的视频游戏被命名为健身游戏[3],并在近年得到较广泛的使用与采纳。已有实验证明,健身游戏对于提升运动积极性、提升运动效果有独特的作用,例如可以通过鼓励中等强度的游戏运动来提升运动积极性,从而改善久坐行为[4]。健身游戏在运动复健方面也颇有成效[5]。

在日常生活中,居家运动也逐渐成为人们的运动选项。居家运动是指人们有目的、有计划地在家中进行提高身体素质的运动[6]。在这个特殊的时期,居家运动不仅可以增强身体免疫力,也有助于保持运动频率,从而减少心理问题,改善心境障碍[7]。健身游戏相对于一般运动,有着电子游戏的特点,更能吸引人进行交互;同时,相比于常规运动,有在较小的活动范围里达成较大运动量的特点,这正好符合居家运动的需求。

健身游戏基于体感装置,而目前市面上可以购买到的家用体感装置(或带有体感装置的游戏机设备等)主要有微软的 xbox Kinect 及任天堂的 wii 和 Switch,其中 Switch 作为销量极高的游戏机,在美国短短 10 个月就卖出了 480 万台[8]。Switch 的体感功能简洁而有效,也诞生了不少可玩性较强的体感游戏。体感健身游戏正逐渐作为人们居家健身的一部分而进入人们的日常生活。

在游戏化设计中，叙事性设计带来的沉浸式环境一直是增强体验、提高效率的重要方式之一[9]。以前，体感游戏研究基本上与运动积极性关联不大，更多的是针对老年人、肢体病患者的锻炼与复健等[10][11][12]，以及作为一种通过交互方式鼓励有心理疾病的少儿进行交流和治疗的方法[13][14]等。研究体感游戏的游戏化对运动积极性的影响往往只在研究体育教学效果中出现[15]。

健身游戏所采用的叙事性方法也能够带来运动积极性的提升。研究如何使用叙事性方法增强健身游戏玩家的运动积极性，既能提升游戏本身的可玩性，也能够更好地帮助玩家达成锻炼身体的目的。本文试图探讨健身游戏在叙事性上带来的沉浸体验对于普通用户运动积极性产生的影响。

## 二、研究过程

### 1. 基本影响因素分析

鉴于具有较强叙事性的健身游戏的特殊性，本文将影响因子分为五个维度：①运动经历维度，包括运动积极性、运动方式；②生理因素维度，即健身游戏过程中影响生理特征的方面，如活动时长、范围等；③心理因素维度，即在健身游戏过程中影响心理特征的方面，包括新鲜感、探索意愿等；④叙事性体现维度，即健身游戏本身叙事性的体现；⑤游戏过程因素维度，即游戏本身的用户层面表现。基于上述维度，参考关于体感游戏促进运动积极性[1]、叙事性设计方法的体现[16][17]等内容的文献，以及咨询游戏业界专业策划人员，得到共 15 个基本影响因素，如表 5-1 所示。

**表 5-1 基本影响因素**

| 维度 | 序号 | 基本影响因素 | 说明 |
|---|---|---|---|
| 运动经历 | 1 | 运动积极性 | 包含运动频率、时长、运动意愿等的综合运动积极性评估 |
| | 2 | 运动方式 | 运动的方式 |

（续表）

| 维度 | 序号 | 基本影响因素 | 说明 |
| --- | --- | --- | --- |
| 生理因素 | 3 | 运动时长 | 健身游戏运动一次的时长 |
| | 4 | 活动范围 | 健身游戏中项目的活动范围 |
| | 5 | 生理层面不适 | 包括肌肉酸痛、流汗等直接在生理层面影响体验的因素 |
| 心理因素 | 6 | 新鲜感 | 对健身游戏的新鲜感 |
| | 7 | 探索意愿 | 对游戏中各个部分交互、叙事等新内容的探索意愿 |
| | 8 | 注意力集中 | 注意力集中程度 |
| 叙事性体现 | 9 | 叙事表现载体 | 视频、动画、音乐、交互反馈等 |
| | 10 | 叙事理解难易 | 叙事的主体故事/过程可被认知理解的难易程度 |
| | 11 | 叙事交互程度 | 玩家的选择/交互对叙事产生的影响 |
| 游戏过程因素 | 12 | 学习成本 | 学习游戏玩法是否复杂 |
| | 13 | 本土化交互 | 中文语音、中文字幕等 |
| | 14 | 游戏品质 | 视听表现、完成程度等游戏综合品质 |
| | 15 | 数据可视化 | 用户游戏数据、锻炼情况的总结可视化 |

**2. 因果图绘制**

以上述15个基本影响因素制作决策实验室法问卷，并进行用户调研。问卷中，将影响关系分为五个等级，即“没有影响”（0分）、“低影响”（1分）、“中影响”（2分）、“高影响”（3分）、“极高影响”（4分）。共回收了26份问卷，经过筛选后，最终得到有效问卷15份。标准化直接关系矩阵如表5-2所示。

以决策实验室法进行运算，得到直接/间接关系矩阵，如表5-3所示。根据直接/间接关系矩阵中所有元素的值，求出四分位数的值为0.212，以此值作为门槛值，用以区分因素间影响作用的强度。

表 5-2　标准化直接关系矩阵

| 因子 | 1 | 2 | 3 | 4 | 5 | 6 | 7 | 8 | 9 | 10 | 11 | 12 | 13 | 14 | 15 |
|---|---|---|---|---|---|---|---|---|---|---|---|---|---|---|---|
| **1** | 0.000 | 0.038 | 0.111 | 0.023 | 0.059 | 0.067 | 0.097 | 0.097 | 0.003 | 0.000 | 0.015 | 0.029 | −0.006 | 0.012 | 0.009 |
| **2** | 0.094 | 0.000 | 0.109 | 0.100 | 0.114 | 0.079 | 0.100 | 0.091 | 0.021 | −0.006 | 0.041 | 0.038 | −0.006 | 0.044 | 0.047 |
| **3** | 0.094 | 0.073 | 0.000 | 0.032 | 0.117 | 0.070 | 0.059 | 0.085 | 0.006 | 0.009 | −0.003 | 0.029 | −0.015 | 0.018 | 0.044 |
| **4** | 0.041 | 0.088 | 0.062 | 0.000 | 0.023 | 0.032 | 0.041 | 0.029 | 0.035 | 0.000 | 0.012 | 0.018 | −0.009 | 0.018 | 0.029 |
| **5** | 0.082 | 0.079 | 0.109 | 0.047 | 0.000 | 0.053 | 0.065 | 0.082 | 0.006 | 0.012 | 0.023 | 0.044 | −0.015 | 0.023 | 0.009 |
| **6** | 0.067 | 0.073 | 0.079 | 0.003 | 0.015 | 0.000 | 0.103 | 0.109 | 0.021 | 0.029 | 0.062 | 0.067 | 0.003 | 0.026 | 0.000 |
| **7** | 0.076 | 0.053 | 0.079 | 0.018 | 0.029 | 0.091 | 0.000 | 0.097 | 0.018 | 0.029 | 0.044 | 0.091 | 0.015 | 0.044 | 0.009 |
| **8** | 0.053 | 0.056 | 0.062 | 0.009 | 0.035 | 0.070 | 0.070 | 0.000 | 0.012 | 0.038 | 0.047 | 0.082 | 0.003 | 0.023 | −0.006 |
| **9** | 0.067 | 0.053 | 0.065 | 0.012 | 0.012 | 0.103 | 0.100 | 0.085 | 0.000 | 0.088 | 0.094 | 0.082 | 0.070 | 0.106 | 0.065 |
| **10** | 0.062 | 0.029 | 0.035 | −0.006 | 0.000 | 0.076 | 0.094 | 0.097 | 0.035 | 0.000 | 0.073 | 0.079 | 0.059 | 0.088 | 0.038 |
| **11** | 0.073 | 0.053 | 0.050 | 0.012 | 0.003 | 0.091 | 0.100 | 0.091 | 0.053 | 0.088 | 0.000 | 0.091 | 0.067 | 0.097 | 0.047 |
| **12** | 0.082 | 0.062 | 0.050 | 0.000 | 0.003 | 0.065 | 0.100 | 0.070 | 0.041 | 0.082 | 0.076 | 0.000 | 0.065 | 0.067 | 0.047 |
| **13** | 0.044 | 0.021 | 0.023 | −0.015 | −0.012 | 0.038 | 0.065 | 0.070 | 0.038 | 0.059 | 0.056 | 0.067 | 0.000 | 0.070 | 0.053 |
| **14** | 0.079 | 0.041 | 0.062 | −0.006 | 0.000 | 0.085 | 0.094 | 0.085 | 0.056 | 0.073 | 0.085 | 0.076 | 0.050 | 0.000 | 0.053 |
| **15** | 0.056 | 0.041 | 0.032 | −0.015 | −0.012 | 0.065 | 0.067 | 0.050 | 0.026 | 0.041 | 0.041 | 0.047 | 0.041 | 0.088 | 0.000 |

表 5-3 直接/间接关系矩阵

| 因子 | 1 | 2 | 3 | 4 | 5 | 6 | 7 | 8 | 9 | 10 | 11 | 12 | 13 | 14 | 15 |
|---|---|---|---|---|---|---|---|---|---|---|---|---|---|---|---|
| **1** | 0.119 | 0.133 | **0.224** | 0.059 | 0.126 | 0.180 | **0.221** | **0.227** | 0.038 | 0.053 | 0.083 | 0.126 | 0.017 | 0.077 | 0.049 |
| **2** | **0.266** | 0.146 | **0.283** | 0.147 | 0.206 | **0.250** | **0.292** | **0.290** | 0.076 | 0.076 | 0.144 | 0.182 | 0.032 | 0.145 | 0.108 |
| **3** | **0.217** | 0.174 | 0.137 | 0.073 | 0.185 | 0.193 | 0.202 | **0.230** | 0.044 | 0.063 | 0.074 | 0.133 | 0.010 | 0.090 | 0.085 |
| **4** | 0.135 | 0.158 | 0.155 | 0.032 | 0.080 | 0.126 | 0.147 | 0.138 | 0.063 | 0.043 | 0.069 | 0.094 | 0.013 | 0.074 | 0.065 |
| **5** | 0.210 | 0.181 | **0.237** | 0.087 | 0.080 | 0.181 | 0.210 | **0.230** | 0.046 | 0.069 | 0.099 | 0.149 | 0.013 | 0.097 | 0.056 |
| **6** | **0.212** | 0.184 | **0.221** | 0.045 | 0.095 | 0.150 | **0.265** | **0.274** | 0.068 | 0.102 | 0.151 | 0.191 | 0.042 | 0.118 | 0.056 |
| **7** | **0.224** | 0.170 | **0.225** | 0.058 | 0.108 | **0.238** | 0.177 | **0.269** | 0.068 | 0.106 | 0.140 | **0.214** | 0.055 | 0.136 | 0.066 |
| **8** | 0.178 | 0.152 | 0.184 | 0.044 | 0.101 | 0.193 | **0.213** | 0.150 | 0.054 | 0.100 | 0.125 | 0.185 | 0.037 | 0.102 | 0.043 |
| **9** | **0.285** | **0.219** | **0.273** | 0.061 | 0.113 | **0.323** | **0.354** | **0.343** | 0.081 | 0.207 | **0.240** | **0.275** | 0.139 | 0.251 | 0.151 |
| **10** | **0.228** | 0.158 | 0.197 | 0.032 | 0.078 | **0.247** | **0.289** | **0.293** | 0.096 | 0.098 | 0.188 | **0.229** | 0.112 | 0.199 | 0.105 |
| **11** | **0.271** | 0.204 | **0.242** | 0.057 | 0.097 | **0.292** | **0.331** | **0.325** | 0.124 | 0.195 | 0.140 | **0.266** | 0.129 | **0.228** | 0.126 |
| **12** | **0.257** | 0.194 | **0.222** | 0.043 | 0.089 | **0.247** | **0.305** | **0.281** | 0.104 | 0.176 | 0.194 | 0.161 | 0.118 | 0.187 | 0.117 |
| **13** | 0.175 | 0.120 | 0.148 | 0.013 | 0.047 | 0.176 | **0.219** | **0.225** | 0.087 | 0.135 | 0.148 | 0.186 | 0.048 | 0.162 | 0.105 |
| **14** | **0.260** | 0.181 | **0.237** | 0.038 | 0.088 | **0.271** | **0.307** | **0.301** | 0.119 | 0.173 | 0.206 | **0.238** | 0.108 | 0.128 | 0.124 |
| **15** | 0.184 | 0.137 | 0.157 | 0.016 | 0.050 | 0.196 | **0.218** | 0.204 | 0.073 | 0.113 | 0.130 | 0.162 | 0.082 | 0.172 | 0.053 |

注：加粗为大于门槛值 0.212。浅灰色表示行、列的值都没有达到门槛值。

计算得到各个因素的中心度(D+R)值和原因度(D-R)值并排序,如表5-4所示。

**表5-4 中心度值与原因度值排序**

| 基本影响因素 | 中心度值 | 基本影响因素 | 原因度值 |
|---|---|---|---|
| 探索意愿 | **6.006** | 叙事表现载体 | 2.172 |
| 注意力集中 | **5.645** | 本土化 | 1.039 |
| 学习成本 | **5.487** | 叙事交互程度 | 0.897 |
| 新鲜感 | **5.439** | 叙事理解难易 | 0.839 |
| 叙事交互程度 | **5.162** | 数据可视化 | 0.637 |
| 运动方式 | **5.156** | 游戏品质 | 0.613 |
| 运动时长 | **5.051** | 活动范围 | 0.587 |
| 运动积极性 | **4.952** | 生理层面的不适 | 0.405 |
| 游戏品质 | **4.946** | 运动方式 | 0.134 |
| 叙事表现载体 | 4.457 | 学习成本 | -0.096 |
| 叙事理解难易 | 4.258 | 新鲜感 | -1.089 |
| 生理层面的不适 | 3.491 | 运动时长 | -1.231 |
| 数据可视化 | 3.257 | 运动积极性 | -1.490 |
| 本土化 | 2.949 | 探索意愿 | -1.497 |
| 活动范围 | 2.197 | 注意力集中 | -1.920 |
| 平均值 | 4.564 | | |

注:加粗表示大于平均值。

以中心度(D+R)值为横轴、以原因度(D-R)值为纵轴,绘制因果图,如图5-1所示。取直接/间接关系矩阵中门槛值之上所有元素值的三分之二位置处(即0.272)。两因素间高于此值的直接/间接影响强度表明这两个因素间具有强影响关系,介于门槛值(0.212)与此值之间的,表明具有较强影响关系。

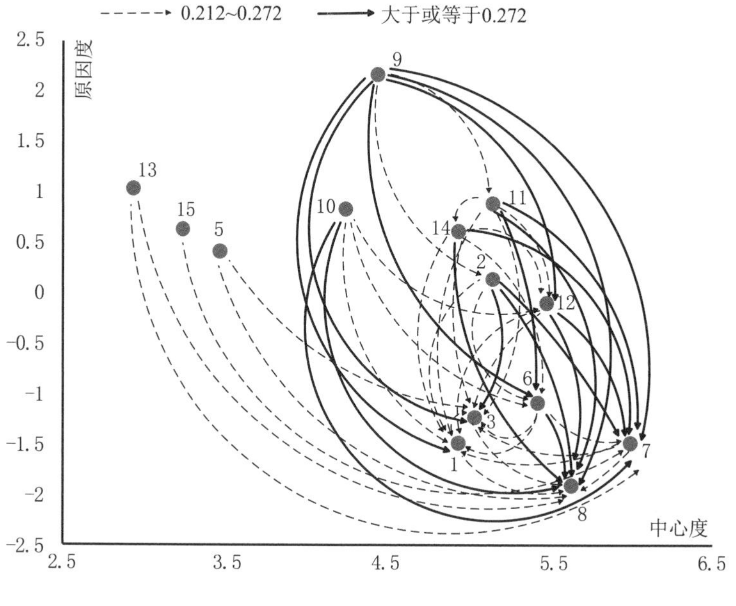


图 5-1　因果图

## 三、结论与对策建议

### 1. 原因度与中心度

由表 5-4 可见，中心度最高的三个基本影响因素是“探索意愿”、“注意力集中”和“学习成本”，其中“探索意愿”的中心度值远高于其他因素的值。这说明用户的探索意愿，即对游戏中各个部分叙事、交互等新内容的探索意愿，是增强用户使用健身游戏健身的积极性的最关键影响因素。“注意力集中”中心度值也较高，表明用户在注意力更集中时使用健身游戏健身的积极性会更强。“学习成本”中心度值也较高，意味着游戏基本操作的学习成本会影响用户使用健身游戏健身的积极性，说明较为复杂的学习成本会因为信息过载等而让用户失去积极性。

中心度值越高的因素，越是解决用户使用健身游戏健身的积极性问题的角度和抓手。除了“探索意愿”“注意力集中”“学习成本”之外，“新鲜感”“叙事交互程度”“运动方式”“运动时长”“运动积极性”“游戏品质”等因素的中心度值也高于所有中心度值的平均值，因此这些也是较为影响用户积极性的方面。

原因度正值排名前三的为“叙事表现载体”、“本土化”与“叙事交互程度”，说明这三个因素更多地影响别的因素。

**2. 因果图分析**

如上面的分析，“探索意愿”“注意力集中”是用户使用健身游戏健身的关键影响因素。在因果图中可直观地看到，“叙事表现载体”“叙事交互程度”“叙事理解难易”“游戏品质”“运动方式”“学习成本”均对“探索意愿”“注意力集中”具有强影响作用。这表明从视频、动画、音乐等叙事表现载体与叙事的交互方式、交互深度入手进行设计会有利于提高用户的探索意愿、改善用户注意力集中状况。同时，提高游戏品质、改进运动方式、让游戏更容易上手以减少学习成本，也都能有助于提高用户的探索意愿和改善注意力集中情况。

由分析可见，叙事性体现方面的因素对心理方面的因素产生了较为复杂、多样化的强影响作用，而游戏过程方面的因素对心理方面的因素的影响偏弱。这说明在叙事性所带来的积极性提升方面，从叙事体验的多元化、深度与新颖性等入手所带来的提升比从游戏画面、精细度入手所带来的提升更大。本土化与运动数据可视化等对心理方面的因素有许多影响，但相比于叙事性体现带来的影响要较弱一些。

另外，生理方面的活动范围因素几乎不对其他因素产生影响，表明对于健身游戏，用户并不会太计较活动空间限制。

从直接/间接关系矩阵可看到，本土化因素对其他因素的影响也很小；但从因果图可看到，该因素的原因度值较高。这说明必要的本土化设计能够带来更好的健身体验，在游戏的各处进行语言本土化、语音本土化是必要性的工作，有助于提高用户游戏积极性。

**3. 对策建议**

基于以上分析与结论，本文从叙事性体现提升用户使用健身游戏的积极性的角度，提出如下建议。

（1）开发设备的表现力，让叙事性能从更多维度表现出来。使用新的交互技术，让设备变得表现力更强，例如使用多级振动、产生光效甚至能改变气味、温度等的设备，让健身过程中的叙事体验变得更加丰富，从而带来更强的沉浸感，这也是增强用户探索意愿的方式。

(2) 提升叙事交互程度，让玩家能够更加深入地参与到叙事中来。通过游戏的强交互性，精心设计用户参与叙事的方式，例如根据玩家的参与情况给予不同的叙事反馈等；也可以通过增加参与感来增强玩家的沉浸感，从而提升探索意愿。

在这一方面，从许多视频电子游戏中汲取灵感是不错的选择，与一开始便注重交互玩法的体感健身游戏不同，因为设备单一而必须注重游戏本身叙事体验的电子游戏已经有了成熟、多样化的叙事交互流程，如碎片化叙事等，在表现特征上百花齐放，各有特点。

(3) 适当提升本土化水平。通过将游戏及其叙事过程进行更亲近目标用户的本土化设计，既能增强用户的理解，也能引起用户的文化共鸣。例如不是简单地使用机器翻译，而是深入地调研用户群体文化语境的俚语、语气等，进而对游戏过程与叙事文本做更接近用户群体本土化属性的变化。

可聘请本土专业人士作为本土化工作人员，根据东道主用户群体的理解来诠释本土化内容，由此不仅能言辞达意、亲近用户，还能使用文化共鸣等方式让用户更加深刻地理解内容。

需要说明的是，本研究虽然揭示了健身游戏叙事性对运动积极性影响问题的内在结构，但依旧只停留在理论层面。对于健身游戏这类交互程度强的产品/服务，根据理论进行一定的实验研究方能更好地证明、修正结论，这也是健身游戏在设计时必须考虑到的测试步骤。

## 参考文献

[1] 李有强，王瑞青，侯同童，等. 走向叙事与课程：体感游戏促进青少年身体活动的学理阐释及干预动向[J]. 天津体育学院学报，2020，35(3)：341-349.

[2] Florian M, Martin R G, Frank V. Towards understanding how to design for social play in exertion games[J]. Personal and Ubiquitous Computing, 2010, 14(5): 417-424.

[3] Anthony J B, Daniel G D, Jerome V D, et al. Comparison of acute exercise responses between conventional video gaming and isometric resistance exergaming[J]. Journal of Strength and Conditioning Research, 2010, 24(7): 1799-1803.

[4] Graves L E F, Ridgers N D, Williams K, et al. The physiological cost and enjoyment

of wii fit in adolescents, young adults, and older adults[J]. Journal of Physical Activity and Health, 2010,7(3): 393-401.

[5] Norouzi-Gheidari N, Hernandez A, Archambault P S, et al. Feasibility, safety and efficacy of a virtual reality exergame system to supplement upper extremity rehabilitation post-stroke: a pilot randomized clinical trial and proof of principle[J]. International Journal of Environmental Research and Public Health, 2019, 17(1).

[6] 陈文丹,江剑平.新冠肺炎疫情下居家运动作用的生物学分析[J].保健医学研究与实践,2020(3): 23-27.

[7] 朱林娜.短时中等强度有氧运动与大学生积极情绪的关系:抑制功能的中介作用[J].田径,2020(2): 40-41.

[8] 李馨月.任天堂 Switch 的营销策略评析[J].经营管理者,2020(5): 72-73.

[9] Naul E, Liu M. Why story matters: a review of narrative in serious games[J]. Journal of Educational Computing Research, 2020(3): 687-707.

[10] 陈浩,刘箴,陈田,刘婷婷,等.一个面向老年人娱乐健身的体感严肃游戏研究[J].系统仿真学报,2016,28(10): 2586-2592.

[11] 白珊珊,朱宏伟.体感互动游戏在老年痴呆患者认知功能改善中的应用[J].中华现代护理杂志,2020(10): 1359-1364.

[12] 陈菲菲,简婕.体感游戏提升幼儿感知运动能力的有效策略[J].中国教育技术装备,2019(23): 86-88.

[13] 宋燕燕,蔡颖,陈云静,等.体感游戏康复治疗对孤独症患儿社会功能及心智发育的影响[J].中外女性健康研究,2019(23): 119+154.

[14] 王晶晶,刘永松.体感游戏干预对智力障碍儿童青少年身体成分、身体活动和动作能力的整群随机对照研究[C]//中国体育科学学会.第十一届全国体育科学大会论文摘要汇编.中国体育科学学会,2019: 5447-5449.

[15] 余博,池静莲,荆雯,等.运动类体感游戏对体育课程资源开发的启示与借鉴[C]//中国体育科学学会.第十一届全国体育科学大会论文摘要汇编.中国体育科学学会,2019: 6229-6230.

[16] 张丽伟.叙事性设计方法在儿童玩具设计中的应用研究[D].长春:长春理工大学,2019.

[17] 程玖平.基于情绪体验的儿童数字游戏交互性叙事设计研究[D].无锡:江南大学,2014.

第六章

# 大学生对线上体育课的接受度

## 一、引言

近年来,线上课程教学成为世界范围内高校采取的一种有效教学应对方式。除了文化课程的学习外,体育课程学习也同样重要。各校积极发挥线上优势,开启了线上体育课模式,然而与此同时也面临如下各种问题:①场地方面的问题。居家时难以有足够的场地供学生跑跳,居家环境并不适宜进行运动,开展线上体育课时存在较多安全隐患。②动作方面的问题。线上体育课主要分为直播课程和录播课程两种,但是远程教学无法像线下面对面教学那样直观,教师也难以一眼看到学生的动作是否标准,好似存在一道无形的墙。③学生方面的问题。学生无法立即适应线上体育课教学模式。同时,网课可能产生的个人隐私暴露问题,也可能会让学生感到困扰。另外,线上体育课难免给邻居带来一些影响,这可能会降低学生参与线上体育课的积极性。

总之,线上体育课的展开会产生和面临一定问题,可能导致部分学生对线上体育课产生消极情绪。对于学生是否能够接受线上体育课程,目前尚没有开展较为系统的探究。本文使用决策实验室法,用量化分析方式探究高校学生对于线上体育课的接受度及其影响因素问题,试图为高校的线上体育课程教学和改进带来启示,以利于提高大学生参与课程的积极性和良好体验。

## 二、研究方法与过程

本文主要使用决策实验室法进行分析，即通过发放决策实验室法问卷获得用户调研数据，然后使用决策实验室法对有效问卷数据进行运算和分析。

**1. 用户调研**

根据杨远飞[1]、柳娟[2]、张得保[3]、杨中皖[4]、董弘毅[5]等人的研究及用户访谈，总结出影响大学生线上体育课接受度的 17 个基本影响因素（见表 6-1），并将它们归纳为三个维度。

（1）课程维度。涉及课程内容难度、课程形式（直播、录播或学生录制视频）、课程频率、课程时长、动作幅度和运动量、课程内容安全性、课程内容有效性等方面。

（2）学生维度。涉及家中运动空间大小、个人隐私暴露的可能性、干扰性（干扰他人或被家人干扰）、自我身体健康情况、视频录制或观看直播课程的方便性、对课程教学内容的接受程度、对课程形式的接受程度等方面。

（3）教师维度。涉及教师是否熟练掌握线上教学软件使用方法、是否能根据线上授课情况调整授课内容、对学生线上上课环境的了解程度等方面。

在问卷设计中，采用四阶量表评判两两因素之间的直接影响强度，即"无影响（0 分）""低度影响（1 分）""中度影响（2 分）""高度影响（3 分）"。本文的用户调研活动共收到 33 份问卷反馈。

**表 6-1　17 个基本影响因素**

| 序号 | 维度 | 因子 |
|---|---|---|
| 1 | 课程维度 | 课程内容难度 |
| 2 | | 课程形式（直播、录播或学生录制视频等） |
| 3 | | 课程频率 |

（续表）

| 序号 | 维度 | 因子 |
| --- | --- | --- |
| 4 | 课程维度 | 课程时长 |
| 5 | | 动作幅度和运动量 |
| 6 | | 课程内容安全性 |
| 7 | | 课程内容有效性 |
| 8 | 学生维度 | 家中运动空间大小 |
| 9 | | 个人隐私暴露的可能性 |
| 10 | | 干扰性（干扰他人或被家人干扰） |
| 11 | | 自我身体健康情况 |
| 12 | | 视频录制或观看直播课程的方便性 |
| 13 | | 对课程教学内容的接受程度 |
| 14 | | 对课程形式的接受程度 |
| 15 | 教师维度 | 教师是否熟练掌握线上教学软件使用方法 |
| 16 | | 教师是否能根据线上授课情况调整授课内容 |
| 17 | | 教师对学生线上上课环境的了解程度 |

**2. 数据分析与因果图解析**

通过对收到的问卷数据进行筛选，共得出20份有效问卷数据。处理后得到的平均化直接关系矩阵如表6-2所列。

运算后得到的直接/间接关系矩阵如表6-3所列。以四分位值作为门槛值（0.63），矩阵中有元素（因素9，即“个人隐私暴露的可能性”）对应的行、列的值（表中灰色的数据）均小于该门槛值，因此后续讨论中不再对因素9加以考虑。

进一步计算，得到因素的中心度（D＋R）与原因度（D－R）的值，如表6-4所示。

表 6-2 平均化直接关系矩阵

| 因子 | 1 | 2 | 3 | 4 | 5 | 6 | 7 | 8 | 9 | 10 | 11 | 12 | 13 | 14 | 15 | 16 | 17 |
|---|---|---|---|---|---|---|---|---|---|---|---|---|---|---|---|---|---|
| **1** | 0.00 | 1.45 | 1.10 | 1.20 | 1.20 | 1.35 | 1.60 | 1.65 | 0.95 | 1.25 | 1.85 | 1.75 | 1.65 | 1.65 | 1.50 | 1.80 | 1.63 |
| **2** | 1.75 | 0.00 | 1.30 | 1.35 | 1.25 | 1.50 | 1.65 | 1.75 | 1.15 | 1.35 | 1.35 | 1.80 | 1.45 | 1.55 | 1.70 | 1.55 | 1.60 |
| **3** | 1.55 | 1.25 | 0.00 | 1.20 | 1.35 | 1.05 | 1.35 | 1.30 | 1.10 | 1.25 | 1.50 | 1.30 | 1.35 | 1.45 | 1.35 | 1.25 | 1.45 |
| **4** | 1.55 | 1.40 | 1.35 | 0.00 | 1.45 | 1.15 | 1.55 | 1.45 | 1.15 | 1.50 | 1.35 | 1.60 | 1.30 | 1.35 | 1.25 | 1.05 | 1.40 |
| **5** | 1.60 | 1.25 | 1.35 | 1.40 | 0.00 | 1.45 | 1.45 | 1.60 | 0.95 | 1.55 | 1.50 | 1.45 | 1.35 | 1.20 | 1.15 | 1.20 | 1.50 |
| **6** | 1.50 | 1.15 | 1.05 | 1.20 | 1.30 | 0.00 | 1.40 | 1.40 | 1.20 | 1.10 | 1.60 | 1.00 | 1.30 | 1.30 | 1.35 | 1.30 | 1.50 |
| **7** | 1.75 | 1.45 | 1.25 | 1.30 | 1.45 | 1.25 | 0.00 | 1.50 | 1.25 | 1.35 | 1.60 | 1.30 | 1.55 | 1.45 | 1.25 | 1.20 | 1.50 |
| **8** | 1.75 | 1.50 | 1.15 | 1.30 | 1.85 | 1.45 | 1.40 | 0.00 | 1.30 | 1.35 | 1.30 | 1.60 | 1.55 | 1.50 | 1.30 | 1.20 | 1.45 |
| **9** | 1.15 | 1.25 | 1.40 | 1.05 | 1.05 | 1.35 | 1.05 | 1.35 | 0.00 | 1.20 | 1.35 | 1.30 | 1.10 | 1.35 | 1.25 | 1.30 | 1.30 |
| **10** | 1.00 | 1.30 | 1.10 | 1.20 | 1.75 | 1.40 | 1.40 | 1.70 | 1.15 | 0.00 | 1.35 | 1.60 | 1.30 | 1.30 | 1.35 | 1.35 | 1.65 |
| **11** | 1.25 | 1.00 | 1.15 | 1.10 | 1.30 | 1.40 | 1.40 | 1.30 | 0.90 | 1.40 | 0.00 | 1.35 | 1.55 | 1.25 | 1.15 | 1.20 | 1.45 |
| **12** | 1.55 | 1.25 | 1.15 | 1.15 | 1.30 | 1.35 | 1.50 | 1.35 | 1.10 | 1.30 | 1.65 | 0.00 | 1.50 | 1.55 | 1.30 | 1.15 | 1.25 |
| **13** | 1.45 | 1.35 | 1.05 | 1.15 | 1.60 | 1.30 | 1.40 | 1.20 | 1.00 | 1.25 | 1.40 | 1.50 | 0.00 | 1.35 | 1.20 | 1.10 | 1.40 |
| **14** | 1.50 | 1.45 | 1.30 | 1.35 | 1.20 | 1.30 | 1.55 | 1.60 | 1.10 | 1.25 | 1.50 | 1.50 | 1.35 | 0.00 | 1.20 | 1.25 | 1.45 |
| **15** | 1.00 | 1.55 | 1.20 | 1.40 | 1.15 | 1.25 | 1.25 | 1.30 | 0.95 | 1.15 | 1.20 | 1.50 | 1.30 | 1.45 | 0.00 | 1.50 | 1.45 |
| **16** | 1.15 | 1.25 | 1.20 | 1.30 | 1.20 | 0.95 | 1.20 | 1.00 | 1.15 | 1.10 | 1.20 | 1.30 | 1.30 | 1.15 | 1.05 | 0.00 | 1.30 |
| **17** | 1.30 | 1.35 | 1.10 | 1.10 | 1.25 | 1.35 | 1.25 | 1.50 | 1.00 | 1.15 | 1.40 | 1.45 | 1.40 | 1.25 | 1.30 | 1.55 | 0.00 |

表 6-3　直接/间接关系矩阵

| 因子 | 1 | 2 | 3 | 4 | 5 | 6 | 7 | 8 | 9 | 10 | 11 | 12 | 13 | 14 | 15 | 16 | 17 |
|---|---|---|---|---|---|---|---|---|---|---|---|---|---|---|---|---|---|
| 1 | 0.63 | 0.65 | 0.58 | 0.60 | 0.65 | 0.63 | 0.69 | 0.70 | 0.53 | 0.62 | 0.71 | 0.71 | 0.69 | 0.68 | 0.63 | 0.65 | 0.71 |
| 2 | 0.72 | 0.60 | 0.60 | 0.62 | 0.66 | 0.65 | 0.70 | 0.72 | 0.54 | 0.64 | 0.71 | 0.73 | 0.69 | 0.69 | 0.65 | 0.66 | 0.72 |
| 3 | 0.63 | 0.58 | 0.48 | 0.54 | 0.60 | 0.57 | 0.61 | 0.62 | 0.48 | 0.56 | 0.64 | 0.63 | 0.61 | 0.61 | 0.57 | 0.57 | 0.64 |
| 4 | 0.65 | 0.61 | 0.55 | 0.51 | 0.62 | 0.59 | 0.64 | 0.65 | 0.50 | 0.59 | 0.65 | 0.67 | 0.63 | 0.63 | 0.59 | 0.59 | 0.66 |
| 5 | 0.66 | 0.60 | 0.55 | 0.57 | 0.56 | 0.60 | 0.64 | 0.66 | 0.50 | 0.60 | 0.66 | 0.66 | 0.64 | 0.62 | 0.58 | 0.59 | 0.66 |
| 6 | 0.62 | 0.57 | 0.51 | 0.53 | 0.58 | 0.51 | 0.60 | 0.62 | 0.48 | 0.55 | 0.63 | 0.61 | 0.60 | 0.59 | 0.56 | 0.57 | 0.63 |
| 7 | 0.67 | 0.62 | 0.56 | 0.58 | 0.63 | 0.61 | 0.59 | 0.67 | 0.52 | 0.60 | 0.68 | 0.67 | 0.65 | 0.64 | 0.60 | 0.61 | 0.67 |
| 8 | 0.69 | 0.64 | 0.57 | 0.59 | 0.66 | 0.63 | 0.66 | 0.62 | 0.53 | 0.61 | 0.68 | 0.69 | 0.67 | 0.66 | 0.61 | 0.62 | 0.69 |
| 9 | 0.58 | 0.55 | 0.51 | 0.51 | 0.55 | 0.55 | 0.57 | 0.59 | 0.41 | 0.53 | 0.60 | 0.60 | 0.57 | 0.57 | 0.54 | 0.55 | 0.60 |
| 10 | 0.63 | 0.60 | 0.54 | 0.56 | 0.63 | 0.60 | 0.64 | 0.66 | 0.50 | 0.53 | 0.65 | 0.66 | 0.63 | 0.62 | 0.59 | 0.60 | 0.67 |
| 11 | 0.60 | 0.55 | 0.51 | 0.52 | 0.57 | 0.56 | 0.59 | 0.60 | 0.46 | 0.55 | 0.55 | 0.61 | 0.60 | 0.58 | 0.54 | 0.55 | 0.61 |
| 12 | 0.64 | 0.59 | 0.53 | 0.55 | 0.60 | 0.59 | 0.63 | 0.63 | 0.49 | 0.57 | 0.65 | 0.59 | 0.63 | 0.62 | 0.58 | 0.58 | 0.64 |
| 13 | 0.62 | 0.58 | 0.52 | 0.53 | 0.60 | 0.57 | 0.61 | 0.61 | 0.47 | 0.56 | 0.62 | 0.63 | 0.55 | 0.60 | 0.56 | 0.56 | 0.63 |
| 14 | 0.65 | 0.61 | 0.55 | 0.57 | 0.61 | 0.59 | 0.64 | 0.66 | 0.50 | 0.58 | 0.66 | 0.66 | 0.63 | 0.57 | 0.58 | 0.59 | 0.66 |
| 15 | 0.60 | 0.58 | 0.52 | 0.54 | 0.58 | 0.56 | 0.60 | 0.61 | 0.47 | 0.55 | 0.61 | 0.63 | 0.60 | 0.60 | 0.51 | 0.57 | 0.62 |
| 16 | 0.56 | 0.53 | 0.48 | 0.50 | 0.53 | 0.51 | 0.55 | 0.55 | 0.44 | 0.51 | 0.56 | 0.57 | 0.55 | 0.54 | 0.51 | 0.47 | 0.57 |
| 17 | 0.61 | 0.57 | 0.52 | 0.53 | 0.58 | 0.57 | 0.60 | 0.62 | 0.47 | 0.55 | 0.62 | 0.63 | 0.60 | 0.59 | 0.56 | 0.58 | 0.57 |

表 6-4 中心度与原因度值

| 因素序号 | 因素描述 | 中心度值 | 因素序号 | 因素描述 | 原因度值 |
|---|---|---|---|---|---|
| 1 | **课程内容难度** | **21.80** | 2 | 课程形式（直播、录播、学生录视频等） | 1.28 |
| 8 | **家中运动空间大小** | **21.61** | 9 | 个人隐私暴露的可能性 | 1.08 |
| 2 | **课程形式（直播、录播或学生录制视频等）** | **21.30** | 4 | 课程时长 | 0.98 |
| 7 | **课程内容有效性** | **21.14** | 3 | 课程频率 | 0.87 |
| 12 | **视频录制或观看直播课程的方便性** | **21.07** | 10 | 干扰性（干扰他人或被家人干扰） | 0.62 |
| 14 | **对课程形式的接受程度** | **20.73** | 1 | 课程内容难度 | 0.30 |
| 17 | **教师对学生线上上课环境的了解程度** | **20.72** | 5 | 动作幅度和运动量 | 0.14 |
| 5 | **动作幅度和运动量** | **20.6** | 8 | 家中运动空间大小 | 0.03 |
| 11 | **自我身体健康情况** | **20.41** | 7 | 课程内容有效性 | 0.00 |
| 13 | **对课程教学内容的接受程度** | **20.36** | 15 | 教师是否熟练掌握线上教学软件使用方法 | -0.02 |
| 10 | 干扰性（干扰他人或被家人干扰） | 20.02 | 14 | 对课程形式的接受程度 | -0.09 |
| 4 | 课程时长 | 19.70 | 6 | 课程内容安全性 | -0.12 |
| 6 | 课程内容安全性 | 19.62 | 13 | 对课程教学内容的接受程度 | -0.74 |
| 15 | 教师是否熟练掌握线上教学软件使用方法 | 19.50 | 12 | 视频录制或观看直播课程的方便性 | -0.85 |
| 3 | 课程频率 | 19.03 | 16 | 教师是否能根据线上授课情况调整授课内容 | -0.97 |
| 16 | 教师是否能根据线上授课情况调整授课内容 | 18.83 | 17 | 教师对学生线上上课环境的了解程度 | -1.16 |
| 9 | 个人隐私暴露的可能性 | 17.64 | 11 | 自我身体健康情况 | -1.35 |

注：中心度值加粗的因素为大于中心度总体平均值 20.24 的因素。

根据决策实验室法的定义，一个影响因素的中心度(D+R)值越大，表示该因素在线上体育课接受度影响问题中的重要性越大；原因度(D-R)的正值越大，表示该因素总体上影响其他因素，负值越大，表示该因素总体上受其他因素影响。

对中心度值较大的影响因素进行排序，依次为："因素 1：课程内容难度""因素 8：家中运动空间大小""因素 2：课程形式(直播、录播或学生录制视频等)""因素 7：课程内容有效性""因素 12：视频录制或观看直播课程的方便性""因素 14：对课程形式的接受程度""因素 17：教师对学生线上上课环境的了解程度""因素 5：动作幅度和运动量""因素 11：自我身体健康情况""因素 13：对课程教学内容的接受程度"。

同时，可以看到原因度值为正且值最大的因素是"因素 2：课程形式(直播、录播或学生录制视频等)"，表明它是影响其他因素的主要因素；原因度值为负且绝对值最大的因素是"因素 11：自我身体健康情况"，表明它是被其他因素影响的主要因素。

表 6-5、表 6-6 分别列出了中心度值与原因度值的前三项与后三项对应的因素。

**表 6-5　中心度值的前三项和后三项**

| 中心度(D+R)值前三项 | 中心度(D+R)值后三项 |
|---|---|
| 因素 1<br>因素 8<br>因素 2 | 因素 15<br>因素 3<br>因素 16 |

**表 6-6　原因度值的前三项和后三项**

| 原因度(D-R)值前三项 | 原因度(D-R)值后三项 |
|---|---|
| 因素 2<br>因素 4<br>因素 3 | 因素 16<br>因素 17<br>因素 11 |

对直接/间接矩阵结果进行直观表达，绘制出如图 6-1 所示的因果图。

图中横坐标为中心度(D+R),纵坐标为原因度(D-R)。图中使用虚线和实线区分强影响关系(数值大于0.70)与较强影响关系(数值在门槛值0.63与0.70之间),箭头方向则表示一个因素对另一个因素具有影响。

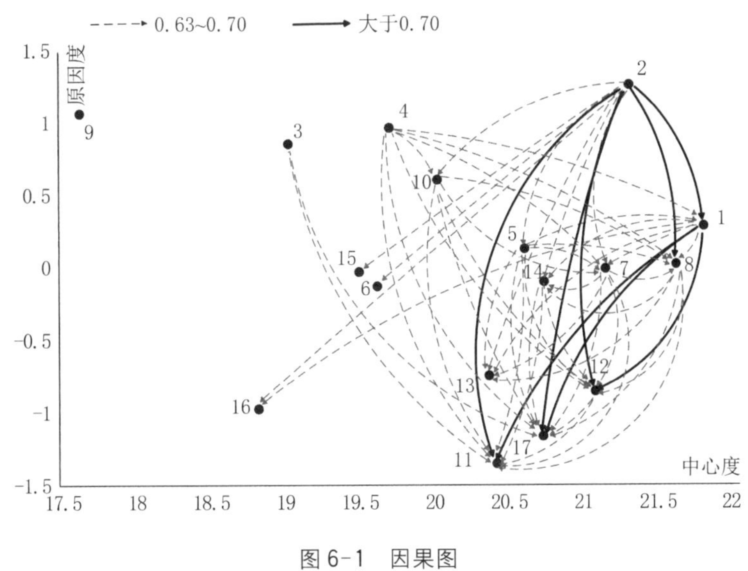


图6-1　因果图

将表6-5、表6-6、表6-7及因果图结合起来进行分析,可以发现:

(1)“课程内容难度”“家中运动空间大小”“课程形式(直播、录播或学生录制视频等)”为中心度值排名前三位的因素。它们是影响大学生线上体育课接受度的关键因素。

其中“课程内容难度”是对线上体育课接受度影响最大的因素。因此需要在课程难度大小上加以适当调整,以更好地提高大学生对于线上体育课的接受度。而“课程形式”对“课程内容难度”具有很强的影响(0.72),同时,“课程频率”“课程时长”“动作幅度和运动量”“课程内容有效性”“家中运动空间大小”“视频录制或观看直播课程的方便性”“对课程形式的接受程度”又对“课程内容难度”有较强的影响。因此可以基于家中运动空间的限制条件,适当调低课程难度的大小,灵活进行上课形式的安排,注意调整课程时长、动作与运动量等,以实现使学生对线上体育课的接受度达到更高的目标。

(2)“教师是否熟练掌握线上教学软件使用方法”“课程频率”“教师是否能根据线上授课情况调整授课内容”为中心度值最小的三个因素,说明这三个方面对大学生线上体育课接受度问题的影响较小。

(3)原因度正值排名靠前的三个因素,分别是“课程形式”“课程时长”“课程频率”,这表明这三个因素各自在总体上更多地影响自身以外的其他因素。原因度负值排名靠前的三个因素,分别是“教师是否能够根据线上授课情况调整授课内容”“教师对学生线上上课环境的了解程度”“自我身体健康情况”,这表明它们总体上更被自身以外的其他因素影响。

(4)由因果图可以看到,“课程内容难度”“课程形式”都是对大学生线上体育课接受度问题具有支配性影响的关键因素。并且如前所述,“课程形式”对“课程内容难度”是强影响关系,这两个因素对“自我身体健康情况”与“视频录制或观看直播课程的方便性”又都是强影响关系。由此,可以看出这四个因素之间相互关系的紧密性。这也表明,为了提高大学生对线上体育课的接受度,应该尝试从课程形式与课程内容难度大小等方面入手,使课程形式更贴合大学生居家生活形态,适度降低课程难度以适应大学生的居家身体状态,并需要考虑兼顾到学生完成课程的方便性问题。

## 三、结论与反思

将所有分析结果综合起来看,可以发现:在大学生线上体育课接受度问题的影响机制中,“课程内容难度”因素是提高接受度的最为关键的抓手。在线上体育课脱离了面对面教学的情况下,课程内容的难度将非常强烈地影响到学生对于该线上课程的接受度。对于教学工作者来说,线上体育课更加需要合理地安排课程内容难度。

从影响因素所属的维度上来看,可以发现:课程维度下的因素更容易影响学生、教师维度下的因素。而学生维度下的因素则更容易被影响。相对来说,教师维度下的因素对其他两个维度下的因素的影响较少,也较少受到其他两个维度下因素的影响。鉴于课程维度下课程内容难度大小更容易对学生产生影响,有必要对课程相关的因素进行规划,挑选合适的课程形式,配合以合适的难度,控制好课程时长与课程频率,这样有利于更好地照顾到学生的身体健康状态，进而提高学生对于课程的接受度。

在先前的调研预估中，预估“个人隐私暴露的可能性”将会对学生的课程接受度产生较大影响。然而在研究结论中，发现该因素并不会对其他因素产生较强的影响。

## 参考文献

[1] 杨远飞，吴琦. 多维度考量线上体育课细节，保证线上体育课堂高效有序[J]. 体育师友，2020，43(2)：9-10.

[2] 柳娟，蒋训雅，王攀. 新冠肺炎疫情期间大学体育线上教学运动风险现状调查和对策思考[J]. 青少年体育，2020(4)：18-20.

[3] 张得保，秦春波，张辉，等. 新冠肺炎疫情下普通高校体育课在线教学的实施与思考[J]. 沈阳体育学院学报，2020，39(3)：10-17.

[4] 杨中皖，沈明亚. 健康视域下身体运动功能训练和大学体育融合研究[J]. 淮北师范大学学报(自然科学版)，2020，41(1)：66-72.

[5] 董弘毅. 核心素养背景下高校公共体育课“角色体验式”教学模式初探[J]. 体育世界(学术版)，2019(10)：119-120.

# 第二篇

## 用户行为的影响机制与对策

## 第七章

# 用户对不同线上艺术形式的选择行为

## 一、引言

从艺术史的脉络来看，线上艺术是传统“线下艺术”文脉的新的视觉衍生，是网络语境下新的视觉现象，是以视觉图像为标志的跨界及多维交互，更是视觉艺术的创新革命[1]。线上艺术形式包括有数字博物馆、线上展览、线上画廊、艺术疗愈、艺术拍卖、在线艺术课堂、线上音乐会、艺术类直播等等，具有打破时空限制、观众互动性强、信息双向传递、策划成本低、用户自由度高等众多优点。线上艺术可以通过多种先进技术，如虚拟现实技术、计算机网络技术、三维立体成像技术、视觉听觉特效技术、互动娱乐技术等，将线下艺术形式优化为线上艺术，利用新科技合理地呈现多元内容，带来多方位的“沉浸”感(见图 7-1)。

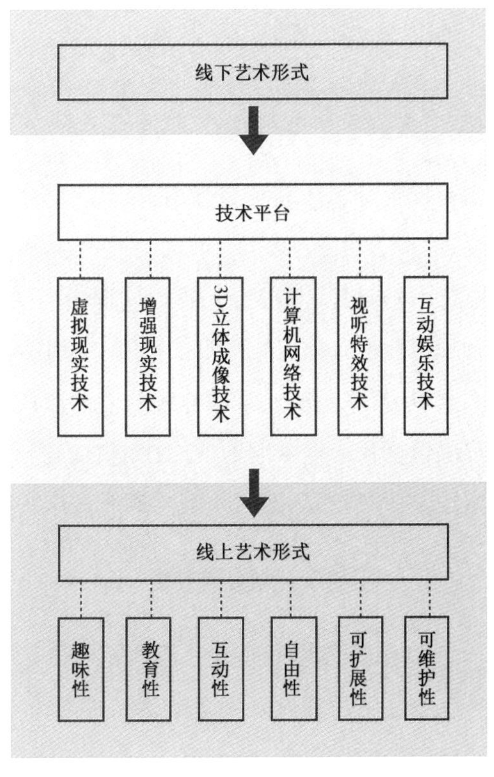


图 7-1　线下艺术到线上艺术的转化

随着人们对精神生活的追求不断提高，线上艺术受众范围也逐渐扩大，根据他们对艺术的喜好程度和对艺术品的消费情况，可将线上艺术受众分为参与型消费者、引导型消费者、主力型消费者、代言型消费者等四类（见图 7-2）。

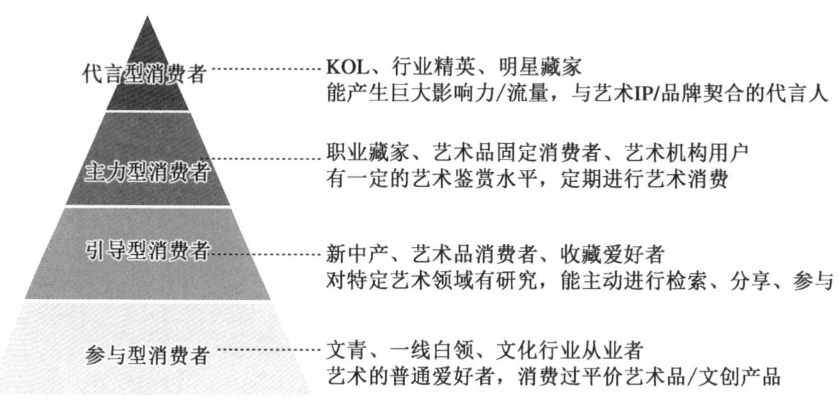


图 7-2　线上艺术受众分类

已有研究表明：在线艺术展览呈现出展览主体多样化、展览活动丰富化、展览形式独特化和展览营销大众化的特色[2]；在线上艺术销售中，线上内容物本身和体验流畅感在策划活动中较为重要，互动性、时间空间自由度、信息透明度、展示效果也对此产生影响[3]；耗能低、智能化、共享性是线上艺术的优势，但在线上展示过程中需要注意用户体验感、内容优化程度、知识传播性等因素[4]。目前已有文献揭示了线上艺术展览相关的若干影响因素，从某一角度或某一种线上艺术形式出发进行了研究，不过尚未涉及用户决策过程。整个问题的内在影响机制有待探索。本文希望借助决策实验室法，对用户选择不同线上艺术形式这一问题进行全面分析研究。

## 二、主要影响因素提取

### 1. 用户选择不同线上艺术形式的基本影响因素整理

本文结合其他一些文献[5-10]，从线上艺术因素、用户因素、服务因素、宣传因素等四个方面，整理出 26 个对用户选择不同线上艺术形式具有影响的基本影响因素（PIFs），如表 7-1 所示。

表 7-1　用户选择不同线上艺术形式的基本影响因素

| 序号 | 维度 | PIFs | 描述 |
|---|---|---|---|
| 1 | 线上艺术 | 线上艺术内容物 | 线上艺术展示内容,如文物、音乐、课程等 |
| 2 | 线上艺术 | 互动性 | 线上艺术体验的可互动性和参与感 |
| 3 | 线上艺术 | 独特性 | 线上艺术展示内容的独特性 |
| 4 | 线上艺术 | 沉浸感 | 观众感官体验和认知体验的投入程度 |
| 5 | 线上艺术 | 趣味性 | 线上艺术内容的趣味性、观众体验过程中的趣味性 |
| 6 | 线上艺术 | 珍贵性 | 线上艺术展示内容的珍贵程度 |
| 7 | 线上艺术 | 环保性 | 线上艺术展示内容的环保性、展示过程的环保性 |
| 8 | 线上艺术 | 性价比 | 定价与线上艺术展示质量是否相符 |
| 9 | 线上艺术 | 多感官体验 | 可以调动观众的视觉、听觉、触觉、嗅觉等多种感官 |
| 10 | 用户因素 | 性别 | 观众性别差异 |
| 11 | 用户因素 | 年龄 | 观众年龄差异 |
| 12 | 用户因素 | 月收入 | 观众月收入差异 |
| 13 | 用户因素 | 职业 | 观众职业差异 |
| 14 | 用户因素 | 教育水平 | 观众受教育水平差异 |
| 15 | 用户因素 | 艺术偏好 | 观众对艺术类型、内容、呈现方式等偏好差异 |
| 16 | 用户因素 | 艺术认知水平 | 观众艺术认知水平、审美水平等差异 |
| 17 | 用户因素 | 有无线上艺术体验史 | 观众是否曾经参与过线上艺术形式 |
| 18 | 服务因素 | 技术手段/呈现形式 | 展示所用的技术及呈现形式,如 VR、AR、全景、直播 |
| 19 | 服务因素 | 呈现效果 | 线上艺术形式的最终呈现效果 |
| 20 | 服务因素 | 举办机构 | 举办线上艺术的机构种类、知名度等 |
| 21 | 服务因素 | 持续时长 | 线上艺术持续时间 |
| 22 | 服务因素 | 用户所需设备 | 观众参与线上艺术所需的设备,如手机、电脑、VR 眼镜 |

（续表）

| 序号 | 维度 | PIFs | 描述 |
|---|---|---|---|
| 23 | 服务因素 | 网络状况/体验流畅度 | 参与线上艺术形式对网络状况的要求 |
| 24 | 宣传因素 | 多媒体传播 | 宣传渠道多样性，如实体广告、视频广告等 |
| 25 | 宣传因素 | 宣传力度 | 宣传平台多样性、宣传时长、是否有名人推广等 |
| 26 | 宣传因素 | 受众群体 | 宣传面向的受众人群差异 |

**2. 确定影响用户选择不同线上艺术形式的主要影响因素**

基本影响因素数量过多时，可能会出现因素的同质性，并带来后续决策实验室法问卷调查工作量庞大的问题，本文先进行第一轮用户调研，采用定性方法确定主要影响因素，作为后续决策实验室法问卷的因素。

在这一轮用户调研中，通过一对一访谈的方式，邀请受访者评判 26 个 PIFs 对线上艺术形式选择行为的重要程度。访谈活动选择了 17 位受访者，年龄在 20～50 岁，来自多种专业或职业。访谈过程中，首先向他们介绍 26 个 PIFs 的详细描述，接着让受访者选择他们认为对线上艺术形式有较大影响的 10～15 个基本影响因素。根据访谈结果，最终总结出用户选择不同线上艺术形式的 10 个主要影响因素（MIFs），如表 7-2 所示。基于线上艺术形式的外部因素和内部因素，10 个主要影响因素分别可归于线上艺术、用户因素和服务因素三个维度，三个维度的相互关系如图 7-3 所示。

表 7-2　用户选择不同线上艺术形式的主要影响因素

| 序号 | 维度 | MIFs | 描述 |
|---|---|---|---|
| 1 | 线上艺术 | 线上艺术内容物 | 线上艺术展示内容，如文物、音乐、课程等 |
| 2 | 线上艺术 | 独特性 | 线上艺术展示内容的独特性 |
| 3 | 线上艺术 | 沉浸感 | 观众感官体验和认知体验的投入程度 |
| 4 | 线上艺术 | 性价比 | 定价与线上艺术展示质量是否相符 |
| 5 | 线上艺术 | 多感官体验 | 可以调动观众的视觉、听觉、触觉、嗅觉等多种感官 |

（续表）

| 序号 | 维度 | MIFs | 描述 |
|---|---|---|---|
| 6 | 用户因素 | 艺术偏好 | 观众对艺术类型、内容、呈现方式等偏好差异 |
| 7 | 用户因素 | 艺术认知水平 | 观众艺术认知水平、审美水平等差异 |
| 8 | 服务因素 | 技术手段/呈现形式 | 展示所用的技术及呈现形式，如 VR、AR、全景、直播 |
| 9 | 服务因素 | 呈现效果 | 线上艺术形式的最终呈现效果 |
| 10 | 服务因素 | 用户所需设备 | 观众参与线上艺术所需设备，如手机、电脑、VR 眼镜 |

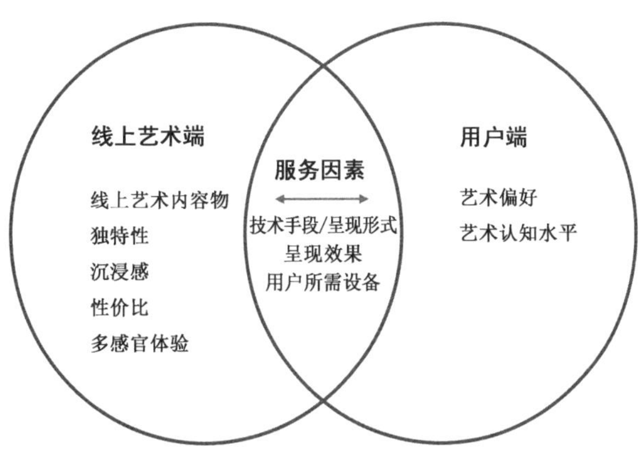


图 7-3　主要影响因素的相互关系

## 三、用户对不同线上艺术形式选择行为的影响机制解析

### 1. 决策实验室法用户调研及数据分析

以上述 10 个主要影响因素制作决策实验室法问卷，通过线上问卷调研形式进行第二轮用户调研，邀请受访者对每两个因素之间的影响关系进行评判。问卷中将因素两两间的影响关系定义为 5 个级别，其中，“0”代表无影响，“1”代表低影响，“2”代表中影响，“3”代表高影响，“4”代表极高影响。

根据问卷填写时间、是否有线上艺术经历等限制条件进行筛选后，得到

31 份有效问卷，得到平均化直接关系矩阵，如表 7-3 所示。

**表 7-3　平均化直接关系矩阵**

| 因子 | 1 | 2 | 3 | 4 | 5 | 6 | 7 | 8 | 9 | 10 |
|---|---|---|---|---|---|---|---|---|---|---|
| **1** | 0.000 | 0.095 | 0.092 | 0.111 | 0.086 | 0.076 | 0.080 | 0.080 | 0.102 | 0.099 |
| **2** | 0.090 | 0.000 | 0.095 | 0.111 | 0.107 | 0.074 | 0.090 | 0.097 | 0.092 | 0.109 |
| **3** | 0.078 | 0.092 | 0.000 | 0.099 | 0.090 | 0.088 | 0.113 | 0.088 | 0.074 | 0.088 |
| **4** | 0.086 | 0.105 | 0.111 | 0.000 | 0.128 | 0.109 | 0.105 | 0.113 | 0.120 | 0.122 |
| **5** | 0.092 | 0.103 | 0.097 | 0.105 | 0.000 | 0.090 | 0.105 | 0.086 | 0.074 | 0.086 |
| **6** | 0.065 | 0.086 | 0.078 | 0.090 | 0.084 | 0.000 | 0.069 | 0.090 | 0.071 | 0.107 |
| **7** | 0.080 | 0.084 | 0.080 | 0.090 | 0.078 | 0.076 | 0.000 | 0.103 | 0.069 | 0.103 |
| **8** | 0.109 | 0.118 | 0.099 | 0.113 | 0.101 | 0.109 | 0.107 | 0.000 | 0.101 | 0.095 |
| **9** | 0.090 | 0.103 | 0.086 | 0.090 | 0.086 | 0.080 | 0.101 | 0.097 | 0.000 | 0.088 |
| **10** | 0.099 | 0.109 | 0.092 | 0.116 | 0.109 | 0.113 | 0.111 | 0.109 | 0.097 | 0.000 |

计算得到直接/间接关系矩阵，如表 7-4 所示。通过计算该矩阵所有元素值的四分位数，得到门槛值 0.652。由于“因素 1：线上艺术内容物”的行、列的元素值都低于门槛值，因此后续讨论中可以不考虑此因素。取高于门槛值的元素值的三分之二位置处，即 0.707，作为区分因素间影响关系是强还是较强的界限。

**表 7-4　直接/间接关系矩阵**

| 因子 | 1 | 2 | 3 | 4 | 5 | 6 | 7 | 8 | 9 | 10 |
|---|---|---|---|---|---|---|---|---|---|---|
| **1** | 0.474 | 0.618 | 0.581 | 0.649 | 0.599 | 0.560 | 0.600 | 0.590 | 0.573 | 0.623 |
| **2** | 0.582 | 0.559 | 0.609 | **0.677** | 0.644 | 0.583 | 0.636 | 0.630 | 0.590 | **0.659** |
| **3** | 0.539 | 0.607 | 0.489 | 0.629 | 0.594 | 0.562 | 0.619 | 0.589 | 0.541 | 0.606 |
| **4** | 0.645 | **0.729*** | **0.692** | **0.654** | **0.734*** | **0.682** | **0.722*** | **0.717*** | **0.679** | **0.744*** |
| **5** | 0.566 | 0.632 | 0.592 | **0.652** | 0.527 | 0.579 | 0.628 | 0.602 | 0.556 | 0.621 |

（续表）

| 因子 | 1 | 2 | 3 | 4 | 5 | 6 | 7 | 8 | 9 | 10 |
|---|---|---|---|---|---|---|---|---|---|---|
| **6** | 0.495 | 0.565 | 0.526 | 0.584 | 0.553 | 0.447 | 0.545 | 0.554 | 0.505 | 0.584 |
| **7** | 0.519 | 0.576 | 0.539 | 0.597 | 0.559 | 0.529 | 0.492 | 0.576 | 0.515 | 0.593 |
| **8** | 0.638 | **0.711*** | **0.655** | **0.726*** | **0.683** | **0.655** | **0.695** | 0.587 | 0.638 | **0.694** |
| **9** | 0.556 | 0.623 | 0.574 | 0.630 | 0.597 | 0.561 | 0.615 | 0.602 | 0.478 | 0.613 |
| **10** | 0.633 | **0.707*** | **0.653** | **0.731*** | **0.693** | **0.662** | **0.701** | **0.689** | 0.637 | 0.611 |

注：1. 灰色字体代表该因素行、列的所用元素值都未达到门槛值 0.652。

2. 粗体代表值达到门槛值 0.652。

3. * 代表大于 0.707。

计算代表因素影响强度相对权重的指标中心度（D+R），以及代表该因素影响或受其他因素影响的影响力的指标原因度（D−R），结果如表 7-5 所示。

**表 7-5　中心度值和原因度值**

| MIFs | 中心度值 | MIFs | 原因度值 |
|---|---|---|---|
| 4 性价比 | **13.529** | 8 技术手段/呈现形式 | 0.547 |
| 10 用户所需设备 | **13.065** | 4 性价比 | 0.470 |
| 8 技术手段/呈现形式 | **12.818** | 10 用户所需设备 | 0.370 |
| 2 独特性 | **12.498** | 9 呈现效果 | 0.136 |
| 5 多感官体验 | 12.139 | 3 沉浸感 | −0.136 |
| 7 艺术认知水平 | 11.750 | 2 独特性 | −0.158 |
| 3 沉浸感 | 11.686 | 5 多感官体验 | −0.230 |
| 9 呈现效果 | 11.563 | 6 艺术偏好 | −0.462 |
| 6 艺术偏好 | 11.179 | 7 艺术认知水平 | −0.759 |
| 平均值 | 12.174 | | |

注：粗体代表值大于平均值。

当中心度值越大时，表明该因素对系统或问题的重要性越大。由表 7-5 可见，中心度值高于所有中心度值的均值的 4 个因素由高到低依次为：性价比、用户所需设备、技术手段/呈现形式、独特性。它们是影响用户选择不同线上艺术形式的关键因素。

当原因度值为正值时，值越大，表明此因素越是总体上影响其他因素的因素。而当原因度值为负值时，其绝对值越大，表示此因素越受其他因素影响。技术手段/呈现形式这一因素具有最大的原因度正值，表明它是对其他因素产生影响作用的首要因素。

**2. 因果图构建与分析**

因果图绘制结果如图 7-4 所示，其中，横轴代表中心度，纵轴代表原因度。在因果图中，粗实线代表因素间具有强影响关系，细虚线代表因素间具有较强影响关系，箭头方向表示一个因素影响另一个因素的方向。在因果图中，也可通过不同符号区别出不同维度下的因素，这里，● 表示线上艺术自身属性维度、□ 表示用户因素维度、▲ 表示服务因素维度。

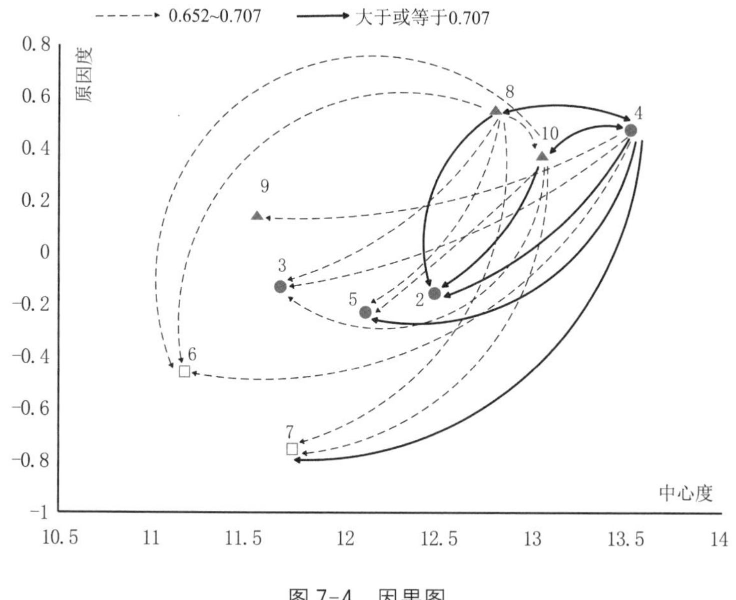


图 7-4　因果图

## 四、结论与对策建议

### 1. 中心度与原因度分析

表 7-6、表 7-7 分别列出了中心度值与原因度值的前三项和后三项。中心度值的前三项是性价比、用户所需设备、技术手段/呈现方式。这三个因素是用户对不同线上艺术形式的选择行为的关键影响因素，其中性价比因素的中心度值最大，它是对用户的选择行为产生支配性影响的因素，需要着重考虑。相对地，沉浸感、呈现效果、艺术偏好三个因素的中心度值较小，对用户选择行为产生的影响作用较小。

表 7-6 中心度值的前三项和后三项

| 中心度值的前三项 | 中心度值的后三项 |
|---|---|
| 4 性价比 | 3 沉浸感 |
| 10 用户所需设备 | 9 呈现效果 |
| 8 技术手段/呈现形式 | 6 艺术偏好 |

表 7-7 原因度值的前三项和后三项

| 原因度值的前三项 | 原因度值的后三项 |
|---|---|
| 8 技术手段/呈现形式 | 5 多感官体验 |
| 4 性价比 | 6 艺术偏好 |
| 10 用户所需设备 | 7 艺术认知水平 |

原因度值(正值)排名的前三项是技术手段/呈现形式、性价比、用户所需设备，表明它们分别在总体上更多地影响其他因素。原因度值(负值)排名的后三项是多感官体验、艺术偏好和艺术认知水平，表明它们更受到其他因素的影响。还可观察到，独特性这一因素的中心度值较高而原因度值较低，说明它是影响用户选择行为的比较重要的因素，但更应考虑其他因素对它的影响。

### 2. 因果图分析

观察因果图可见，服务维度下的因素对线上艺术自身属性维度下的因素具有较大影响，技术手段/呈现形式和用户所需设备因素对沉浸感、独特性和多感官体验这3种因素有较强的影响(见图7-5)。用户维度下的因素则易受其他因素影响。其中性价比这一因素与很多其他因素之间都有较强的影响与被影响的关系，也是最容易入手和改善的方面。用户所需设备和技术手段/呈现形式两个因素都是中心度值和原因度值均很高的因素，对选择决策过程影响很大，是两个值得重视、设计中可重点改进的问题。

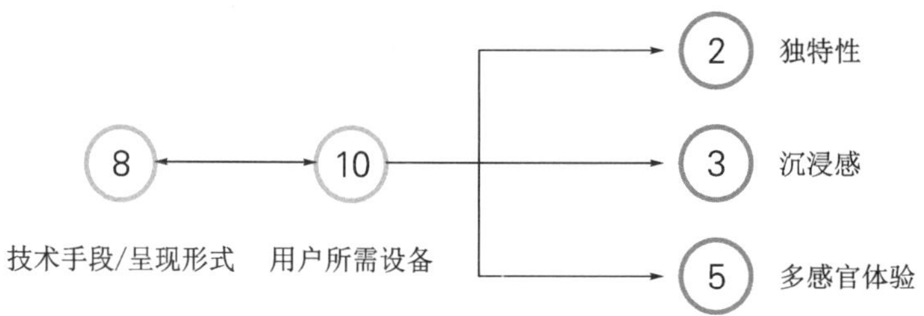


图7-5 技术手段/呈现形式和用户所需设备等五个因素的相互关系

根据上述分析，可提出如下建议：

(1) 丰富线上艺术呈现形式，增强线上艺术体验感。由中心度、原因度和影响关系可知，技术手段/呈现方式和用户所需设备这两个因素处于核心位置，对线上艺术形式的选择决策过程和其他因素都有较强的影响，它们直接影响线上艺术的最终呈现效果，进而影响用户的体验感。

可在线上艺术呈现时，引入虚拟现实、增强现实、全景扫描等新兴数字技术。这些技术可以将线下艺术加以数字化表现和数字化储存，打破了传统线下艺术场地、空间、人员的限制，实现了异地、随时、高自由度的艺术传播，在一定的空间范围内，通过网络和移动终端设备将艺术内容物有效地进行展示，最大限度地增强了表达效果。这种呈现方式可以拉近用户与艺术品的距离，使其全方位观察、了解艺术品的细节，拥有更好的沉浸感和交互性。

在艺术展示过程中，数字技术的应用促进观众与艺术品两者之间建立联系，传统“单向型”的信息传递转化为“双向型”的信息传递。观众在欣赏线上艺术的过程中可以进行互动，并在视觉、听觉、触觉等多个感官中建立最佳虚拟环境，最终在一定程度上获得最佳的真实体验。

(2) 提升线上艺术的性价比，扩大参与型消费者规模。性价比这一因素的中心度值和原因度值都很高，与多个其他因素之间都有强影响关系，因此可以考虑从性价比入手，影响和塑造用户对不同线上艺术形式的选择行为。

第一，性价比和技术手段/呈现方式、用户所需设备这两个因素之间都相互有强影响关系，因此，可在保证效果的基础上，采用成本较低的技术手段和呈现设备，降低用户参与线上艺术的价格，吸引更多参与型消费者和引导型消费者体验线上艺术。

第二，如图 7-6 所示，性价比、技术手段/呈现方式、用户所需设备这三个因素都会影响用户的艺术偏好和艺术认知水平，因此，可适当降低线上艺术的参与价格和参与门槛，例如采用推出免费艺术活动，增加线上艺术学生门票优惠幅度，推出线上艺术优惠门票秒杀活动等手段，这样可吸引更多艺术入门爱好者体验线上艺术形式，扩大参与型消费者的规模，提升社会整体的艺术认知水平。

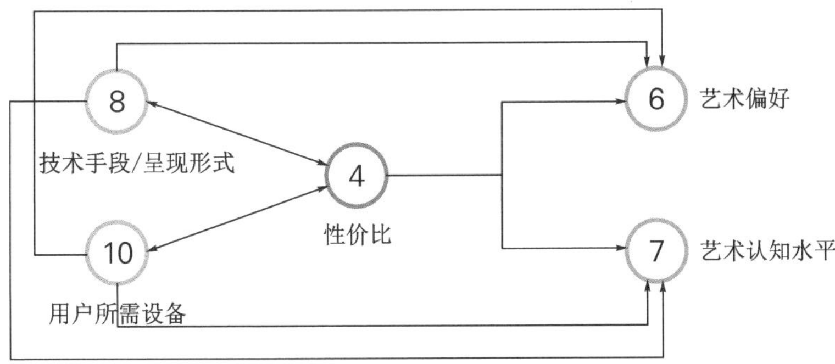


图 7-6　性价比、技术手段/呈现方式、用户所需设备等五个因素的相互关系

## 参考文献

[1] 宋刚，宋伦宸. 当代艺术的新维度：线上艺术[J]. 重庆交通大学学报(社会科学版)，2019，19(6)：21-26，40.

[2] 刘燕. 疫情影响下在线艺术展览特色分析[J]. 大众文艺，2020(10)：127-128.

[3] 洪兴. 线上艺术销售 疫情中求突围[J]. 中国拍卖，2020(4)：64-67.

[4] 王茂琦. 互联网对美术馆运营的影响：从“线上美术馆”谈起[J]. 大众文艺，2020(10)：252-253.

[5] 王春美. 融媒体时代文化遗产的传播创新：以故宫博物院为例[J]. 传媒，2020(8)：66-69.

[6] 吴彧弓. 疫情之下的“云艺术”观察记[J]. 美术观察，2020(4)：31-33.

[7] 陈枫，王峰. VR/AR 技术在虚拟博物馆游览系统中的应用研究：以故宫博物院为例[J]. 大众文艺，2020(4)：61-62.

[8] 杨西. 线上模式影响下的艺术机制与艺术创作[J]. 艺术管理（中英文），2019(3)：80-85.

[9] 张云鹏. 博物馆 APP 的应用价值研究[D]. 济南：山东大学，2019.

[10] 王涛，安士才，李腾. 数字化线上展馆的应用及研究[J]. 数字技术与应用，2018(3)：58-60.

第八章

# 城市公共绿地空间内老年居民的散步行为

## 一、引言

依据最新版《城市绿地分类标准 CJJ/T 85—2017》的定义，居住区绿地(G31)是附属绿地分类下的居住用地内的绿地[1]。居住区绿地步行空间是指位于居住区绿地内部的，主要为住区内部居民提供服务的散步环境，包括步行道、散步道、住区公园、公共绿地、广场、庭院等。居民散步行为是指居民在闲暇时间内进行的一种休闲、娱乐、健身活动，它可以随时随地发生，但与居民自身的需求和意愿直接相关，并受不同人群行为活动特征的制约[2]。

丹麦城市设计师扬·盖尔在其《交往与空间》一书中，论述了人的户外活动很大程度上受到户外环境的影响[3]。他将人在城市公共空间中的户外活动分为必要性活动、自发性活动、社会性活动三类。其中散步是一种较为舒缓的自发性活动，只在散步者自发进行且环境适宜的时候才会发生[4]。此外，就开放空间的设计而言，防护性、舒适性和享受性是极为重要的[5,6]。散步网络、散步景观、散步设施、散步环境使用状况等方面也是城市近郊住区散步环境系统建设中的重要方面[7]。坡度、速度、距离及高差之间的关系与体能消耗息息相关[8]。

城市公共绿地空间是人们锻炼身体、放松心情、接触自然的重要社区公共空间。老年居民是居住区绿地散步人群中最主要的部分[7]，是居住区绿地中进行散步行为最频繁的群体[4]，散步是他们最为便捷和重要的运动方式[9]。因此，居住区绿地步行空间不但需要具备适老性，还应考虑老年居民的心理需求特性。

老龄化社会的居住区步行空间环境设计，应考虑步行距离、路线、环路、高差及步行路线与道路系统的关系[10]。在老年散步者心目中，公园散步可带来身体健康、社交、心理健康、安全等四大方面的益处[9]。影响老年人散步行为的公园设计特征，包括园路的物理属性、园路的周围环境及园路的连接关系等三部分[9]。愉悦性、舒适性、便利性和畅行性对步行空间评价均有显著的正向影响关系，其中愉悦性影响最大[11]。基于老年人视觉上的退化特征及步行空间使用频率与视觉指标的相关性程度，能够用可量化与非量化两类指标对居住区适老性加以评价[12]。基于散步行为与道路设计之间的关联性，通过增加自然元素与景观空间，设置平坦的有长椅的曲折道路，提供有地标、与活动区域相连的道路，都能促进老年人散步行为[13]。像香港早期城市规划推崇的小地块发展模式，中心区地块划分细碎、街道狭小，使居住密度大和用地混合度高，虽然带来高易行性，但同时造成环境污染和公共卫生隐患，对老年人身心健康不利[14]。

目前，针对城市中老年居民散步行为的研究，主要集中在以公园或更大尺度的城市公共空间为背景，而对于与老年居民生活息息相关的居住区绿地中的散步行为还有待进一步探索。

## 二、影响城市居住区绿地步行空间居民散步行为的相关因素分析

基于文献检索和居民访谈，整理出城市居住区绿地步行空间居民散步行为的 24 个基本影响因素（PIFs），如表 8-1 所列。

**表 8-1　基本影响因素**

| 分类 | 编号 | 影响因素 |
| --- | --- | --- |
| 步行空间 | 1-1 | 铺装材料 |
| 步行空间 | 1-2 | 护栏围栏 |
| 步行空间 | 1-3 | 空间照明 |
| 步行空间 | 1-4 | 空气流通 |

（续表）

| 分类 | 编号 | 影响因素 |
|---|---|---|
| 步行空间 | 1-5 | 空间开敞度 |
| 步行空间 | 1-6 | 道路布局 |
| 步行空间 | 1-7 | 导览系统 |
| 步行空间 | 1-8 | 道路长度 |
| 步行空间 | 1-9 | 道路宽度 |
| 步行空间 | 1-10 | 台阶数量 |
| 步行空间 | 1-11 | 遮阴条件 |
| 步行空间 | 1-12 | 噪声情况 |
| 步行空间 | 1-13 | 植配形式 |
| 步行空间 | 1-14 | 植物季相色相 |
| 步行空间 | 1-15 | 水体水景 |
| 散步行为 | 2-1 | 散步时长 |
| 散步行为 | 2-2 | 散步距离 |
| 散步行为 | 2-3 | 陪伴情况 |
| 散步行为 | 2-4 | 社交因素 |
| 散步者 | 3-1 | 性别因素 |
| 散步者 | 3-2 | 年龄因素 |
| 散步者 | 3-3 | 生理因素 |
| 散步者 | 3-4 | 心理因素 |
| 散步者 | 3-5 | 工作因素 |

本文针对这些基本影响因素对居民在居住区绿地散步的重要性程度进行了问卷调查，问卷中将重要程度由小到大分为10阶。最终收回426份有效问卷，来自136位青年居民（18～35岁）、161位中年居民（36～60岁）及129位老年居民（60岁以上）。

运用SPSS统计分析软件对数据进行因子分析。分析中，获得的旋转成分矩阵如表8-2所示，从中提取5个公因子。对每个公因子进行描述和命名，归纳出居住区绿地步行空间居民散步行为的5个主要影响因素（MIFs），即个人基本因素、景观舒适因素、步行安全因素、散步社交因素和空间流通因素，如表8-3所示。

**表 8-2　旋转后的成分矩阵**

| 因素 | 成分 1 | 成分 2 | 成分 3 | 成分 4 | 成分 5 | 分类 | 成分 1 | 成分 2 | 成分 3 | 成分 4 | 成分 5 |
|---|---|---|---|---|---|---|---|---|---|---|---|
| 铺装材料 | 0.206 | 0.172 | **0.783** | 0.208 | 0.013 | 植配形式 | 0.091 | **0.764** | 0.139 | 0.191 | 0.223 |
| 护栏围栏 | 0.240 | 0.186 | **0.762** | 0.128 | 0.057 | 植物季相色相 | 0.151 | **0.788** | 0.191 | 0.247 | 0.086 |
| 空间照明 | 0.188 | 0.051 | **0.752** | 0.265 | 0.141 | 水体水景 | 0.243 | **0.725** | 0.082 | 0.354 | −0.051 |
| 空气流通 | 0.067 | 0.069 | 0.118 | 0.101 | **0.826** | 散步时长 | 0.194 | 0.301 | 0.145 | **0.779** | 0.112 |
| 空间开敞度 | 0.071 | 0.190 | 0.108 | 0.078 | **0.812** | 散步距离 | 0.194 | 0.242 | 0.167 | **0.791** | 0.123 |
| 道路布局 | −0.084 | 0.325 | **0.626** | 0.077 | 0.326 | 陪伴情况 | 0.191 | 0.147 | 0.209 | **0.775** | 0.165 |
| 导览系统 | −0.021 | 0.376 | **0.518** | 0.052 | 0.287 | 社交因素 | 0.346 | 0.277 | 0.235 | **0.620** | −0.004 |
| 道路长度 | 0.189 | **0.547** | 0.390 | 0.182 | 0.275 | 性别因素 | **0.766** | 0.296 | 0.099 | 0.119 | −0.090 |
| 道路宽度 | 0.142 | 0.447 | 0.365 | 0.172 | 0.447 | 年龄因素 | **0.860** | 0.084 | 0.101 | 0.149 | 0.036 |
| 台阶数量 | 0.264 | **0.520** | 0.398 | 0.172 | 0.142 | 生理因素 | **0.854** | 0.084 | 0.133 | 0.194 | 0.119 |
| 遮阴条件 | 0.137 | 0.495 | 0.249 | 0.170 | 0.433 | 心理因素 | **0.813** | 0.115 | 0.099 | 0.219 | 0.120 |
| 噪声情况 | 0.035 | **0.532** | 0.219 | 0.089 | 0.471 | 工作因素 | **0.798** | 0.076 | 0.143 | 0.122 | 0.098 |

提取方法：主成分分析法。

旋转方法：凯撒正态化最大方差法。[a]

a. 旋转在 7 次迭代后已收敛。

表 8-3 主要影响因素

| 编号 | 主要影响因素 | 因素描述 |
|---|---|---|
| 1 | 个人基本因素 | 性别、年龄、健康状态等 |
| 2 | 景观舒适因素 | 植物配置、水体布置、声景、道路平坦、台阶数量等 |
| 3 | 步行安全因素 | 地面铺装材质、护栏围栏、灯光照明及道路布局、导览系统等 |
| 4 | 散步社交因素 | 散步持续总时间、散步时家人或朋友的陪伴情况、散步伴随的社交活动等 |
| 5 | 空气流通因素 | 步行空间开敞度及空气流通情况 |

## 三、城市居住区绿地步行空间居民散布行为影响因素分析

### 1. 决策实验室法问卷调查与数据分析

以上述 5 个主要影响因素设计决策实验室法问卷，其中将 MIFs 之间的影响关系定义为 5 阶："0"代表无影响，"1"代表影响较小，"2"代表影响一般，"3"代表影响较大，"4"代表非常影响。

以线上问卷发放的用户调研方式，面向 60 岁以上的有在居住区绿地散步行为的老年居民对象进行调查。共调研了 37 名老年居民，经过条件筛选后，得到 31 份有效问卷数据。以此数据建立直接关系矩阵和标准化直接关系矩阵。运算后得到直接/间接关系矩阵，如表 8-4 所示。

表 8-4 直接/间接关系矩阵

| 因子 | 1 | 2 | 3 | 4 | 5 |
|---|---|---|---|---|---|
| **1** | 2.815 | 2.788 | 2.974 | 2.845 | 2.664 |
| **2** | **3.227*** | 2.805 | **3.195*** | **3.069*** | 2.864 |
| **3** | **3.282*** | **3.046*** | 3.020 | **3.102*** | 2.889 |
| **4** | **3.111*** | 2.876 | 3.041 | 2.748 | 2.736 |
| **5** | 2.865 | 2.652 | 2.844 | 2.737 | 2.382 |

注：* 代表值大于或等于门槛值。

通过计算得到直接/间接关系矩阵中所有元素值的四分位数 Q3（即 3.046），将其作为门槛值，用来区分因素间影响作用的强度。

通过计算得到直接/间接关系矩阵中每行总和 D 值和每列总和 R 值，如表 8-5 所示，求得表示因素影响强度相对权重的指标中心度（D+R）值，以及代表该因素影响或受其他因素影响情况的指标原因度（D−R）值，如表 8-6 所示。

**表 8-5　因素的 D 值和 R 值**

| MIFs | R | MIFs | D |
|---|---|---|---|
| 个人基本因素 | 15.300 | 步行安全因素 | 15.340 |
| 步行安全因素 | 15.073 | 空气流通因素 | 15.160 |
| 散步社交因素 | 14.501 | 散步社交因素 | 14.512 |
| 空气流通因素 | 14.167 | 个人基本因素 | 14.086 |
| 景观舒适因素 | 13.536 | 景观舒适因素 | 13.479 |

**表 8-6　因素的中心度值与原因度值**

| MIFs | 中心度值 | MIFs | 原因度值 |
|---|---|---|---|
| 步行安全因素 | **30.413**[*] | 空气流通因素 | **0.993**[**] |
| 个人基本因素 | **29.386**[*] | 步行安全因素 | **0.267**[**] |
| 空气流通因素 | **29.327**[*] | 散步社交因素 | **0.011**[**] |
| 散步社交因素 | 29.013 | 景观舒适因素 | −0.057 |
| 景观舒适因素 | 27.016 | 个人基本因素 | −1.214 |

注：* 代表中心度值高于平均值 29.031。** 代表原因度值大于 0。

从表 8-6 可见，中心度值高于均值的 3 个因素，是老年人在城市居住区绿地步行空间中散步行为的关键影响因素，依次为步行安全因素、个人基本因素、空气流通因素。从原因度值可看到，空气流通因素、步行安全因素和散步社交因素的原因度值为正值，表明它们分别在总体上对其他因素产生影响作用，个人基本因素总体上受其他因素影响较大。

**2. 因果图构建**

以中心度(D+R)值为横轴、以原因度(D−R)值为纵轴，构建影响老年居民在城市居住区绿地步行空间中散步行为的因果图，如图 8-1 所示。在该图中，加粗显示的个人基本因素、步行安全因素和空气流通因素，是影响老年居民居住区绿地散步行为的关键影响因素，景观舒适因素因未超过阈值以浅灰色表示。实线代表因素间具有强影响关系(≥3.046)。例如，因素 3(步行安全因素)对因素 4(散步社交因素)有强影响作用，表明要使老年居民在散步过程中能与其他人社交以排解孤独、丰富生活，应保障和提升居住区绿地步行空间的安全性，如增设扶手、保证地面铺装的防滑性等，以保障老人散步时的安全。

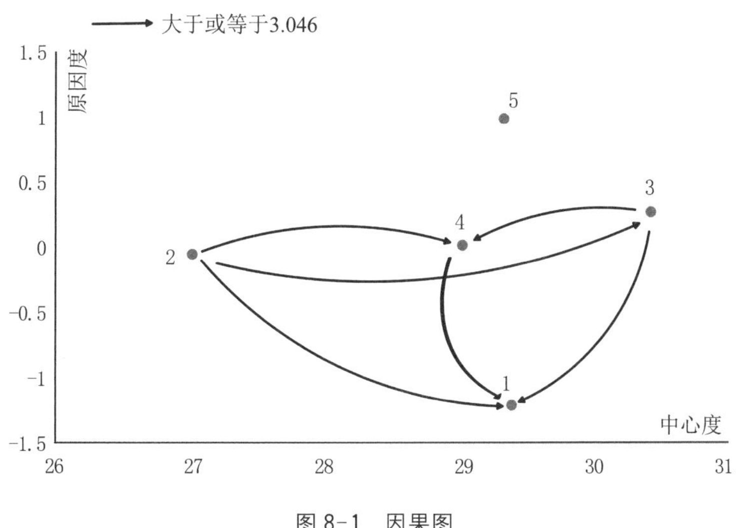


图 8-1　因果图

## 四、结论

**1. 中心度与原因度分析**

由原因度和中心度可知，影响老年居民在城市居住区绿地步行空间中散步行为的关键因素是步行安全因素。步行安全因素的中心度(D+R)值最高，表明散步环境的步道安全性是最影响老年居民在居住区绿地进行散步活动的因素。此外，个人基本因素，对应于老年居民自身的基本情况，即他们自身的健康状态、心理状态，也是影响他们散步行为的重要因素。

空气流通因素、步行安全因素的原因度(D－R)值较大，总体上对其他因素起到影响作用。散步社交因素也对其他因素有一定影响。此外，步行安全因素得到了再次强调，表明该因素是影响老年居民散步行为并影响其他因素的关键因素。良好通风且适老、宜老的居住区绿地步行空间及能满足老年居民在散步时社交需求的空间设定，有助于老年居民在居住区绿地中散步行为的进行。

**2. 因果图分析**

由因果图可知，老年居民在散步时的个人基本因素(即行为人自身层面的心理状态、健康状态等)，受居住区绿地所提供的功能层面方面(如景观舒适因素、步行安全因素)及散步时伴随的社交活动因素影响最大。这说明应改进、完善功能层面，以支撑个人身体和心理上的良好状态，进而有利于促进散步积极性和散步行为。

此外，景观品质层面(即居住区绿地步行空间的植物配置、水景布置、道路平坦等景观舒适因素)对于老年人在居住区绿地中的散步过程中的社交行为影响大。对于老年人居住区绿地散步行为的环境改善，应关注的是保证居住区绿地游步道、游园、庭院等空间的空气质量和空气流通程度；再通过改善道路的铺装、增设护栏和围栏及在夜间保证足够的灯光照明来提升居住区绿地步行空间的安全性；进一步，再通过布置一定量的休憩设施或开敞空间以保证老年居民散步时必要的社交活动。在有条件的基础上，还可对景观舒适性作进一步提升[15]。

## 参考文献

[1] 王洁宁，王浩. 新版《城市绿地分类标准》探析[J]. 中国园林，2019(4)：92-95.

[2] 赵元月，刘川江. 基于环境行为学的城市住区散步环境构建策略[J]. 智能城市，2018，4(18)：53-54.

[3] 扬·盖尔. 交往与空间[M]. 何人可，译. 北京：中国建筑工业出版社，2002.

[4] Hill K A. Wayfinding and spatial reorientation by Nova Scotia deer hunters[J].

Environment and Behavior, 2011, 45(2): 267-282.

[5] 扬·盖尔,杨滨章,赵春丽. Public space for a changing public life[J]. 中国园林,2010(8): 34-38.

[6] 曾彦嘉. 基于使用者行为的城市休闲广场环境设计研究[D]. 武汉: 武汉大学,2017.

[7] 赵元月. 基于环境行为学的广州市近郊住区散步环境研究[D]. 广州: 华南理工大学,2012.

[8] 陈铭,吴涛,伍超. 基于运动生理学的山地居住区步行空间形态的研究: 以恩施市连珠畔岛小区步行轴线上的空间形态为例[J]. 华中建筑,2014,32(9): 78-82.

[9] 翟宇佳. 促进老年人散步行为的城市公园设计特征研究基于内容分析法初探[J]. 风景园林,2016(7): 121-128.

[10] 林耕,张天宇. 老龄化社会中的居住区步行空间环境设计[J]. 工业建筑,2013(A1): 12-14.

[11] 尤航. 基于老年人散步行为的城市公园步行空间的设计研究[D]. 南昌: 南昌大学,2018.

[12] 马航,祝侃,李婧雯,等. 老年人视觉退化特征下居住区步行空间的适老化研究[J]. 规划师,2019,35(14): 12-17.

[13] 初楚,龙春英,姚子雪. 老年人散步行为与城市公园道路设计的关联性研究[J]. 华中建筑,2020,38(3): 35-41.

[14] 孙羿,凌嘉勤. 城市空间易行性及其对老年友好城市建设的启示: 以香港为例[J]. 国际城市规划,2020,35(1): 47-52.

[15] 扬·盖尔,拉尔斯·吉姆松,汤羽扬. 公共空间·公共生活[J]. 城市交通,2008(4): 97.

# 第九章 城市公共绿地空间内中年居民的散步行为

## 一、引言

城市居民面临着生活和心理等多方面的压力，邻近的居住区绿地便承载了满足大部分城市居民锻炼身体、放松心情、接触自然、简单社交的需求的作用[1]，成为重要的公共景观空间。

散步行为是城市居民放松身心的主要活动之一，也是居民生活方式转变中的重要一环。散步行为联系着散步者和步行空间，是城市居民与城市公共景观空间的重要连接。

在《城市住宅区规划原理》中，居住区定义为“城市中住房集中，并设有一定数量及相应规模的公共服务设施和公用设施的地区”[2]，除了提供居住功能外，还需要提供游憩和相应的日常生活服务。在《城市绿地分类标准CJJ/T 85—2017》中，居住区绿地属于附属绿地范畴，为居住用地内的配建绿地。而居住区绿地步行空间是指位于居住区绿地内部的，主要面向住区内部居民提供服务的散步环境，包括步行道、散步道、住区公园、公共绿地、广场、庭院等多种类型[3]。

散步行为是居民在闲暇时间内进行的一种休闲、娱乐、健身活动，没有时间、地点的限制，与居民自身的需求和意愿直接相关，且受到不同人群的行为活动特征的影响[4]。

散步行为总是处在一定的散步环境中进行。散步环境可定义为“在不受机动车等外界交通干扰的情况下，步行者在其中自由而愉快地进行散步、休闲、健身、购物、交往等活动，并与其周围自然、人工、社会环境发生相互作用的区域”，“有路可行、安全的散步、便捷的散步、舒适的散步、自由的散步”是散步活动的不同层次及建设目标[3]。

儿童、青少年、青年、中年人、老年人等不同年龄段人群的散步活动特征及居住区绿地空间使用需求特征[3,5,6]有所不同。其中，青年（18～35 岁）对于环境品质和活动自由的要求高，倾向于选择丰富多样的散步环境；中年人（36～60 岁）关注身体健康、日常交流，倾向于通过散步锻炼身体、实现家族和邻里交流等日常生活需求；老年人（60 岁以上）则更关注散步环境的舒适性，以达到休闲健康的锻炼目的。

本文以中年人（36～60 岁）人群为研究对象，运用环境行为学相关理论，采用因子分析方法和决策实验室法进行量化分析，探讨城市居住区公共绿地空间内中年居民散步行为问题的关键影响因素和影响机制。

## 二、研究过程

### 1. 基本影响因素整理

本文通过参考有关文献研究[3,5,6]，从步行空间、散步行为、步行者三个层面，整理出居住区绿地空间中中年居民散步行为的 24 个基本影响因素（PIFs），并将它们归纳为 6 个类别，如表 9-1 所示。

**表 9-1　居住区绿地中中年居民散步行为的基本影响因素**

| 层次 | 类别 | PIFs | 序号 | 描述 |
| --- | --- | --- | --- | --- |
| 步行空间 | 安全性 | 地面铺装 | 1 | 路面铺装材料的色彩、防滑性等 |
| | | 护栏围栏 | 2 | 水边或高空的护栏、围栏等防护设施 |
| | | 空间照明 | 3 | 夜晚的景观灯光照明情况 |
| | | 空气流通 | 4 | 空气流通情况，顺畅或闭塞 |
| | | 空间开敞 | 5 | 空间开敞情况，开敞或郁闭 |
| | 可达性 | 道路布局 | 6 | 道路网络的组织形式 |
| | | 导览系统 | 7 | 地图、标识等的位置、形式、数量 |

（续表）

| 层次 | 类别 | PIFs | 序号 | 描述 |
| --- | --- | --- | --- | --- |
| 步行空间 | 便捷性 | 道路长度 | 8 | 道路的长度 |
| | | 道路宽度 | 9 | 道路的宽度，能否满足安全距离 |
| | | 台阶数量 | 10 | 台阶数量及布置情况 |
| | 舒适性 | 是否遮阴 | 11 | 树木或构筑物遮阴情况 |
| | | 噪声大小 | 12 | 环境噪声大小 |
| | | 植物搭配 | 13 | 植物配置的形式 |
| | | 植物季相色彩 | 14 | 植物在不同季节的色彩表现 |
| | | 是否有水景 | 15 | 水体及水景的设置 |
| 散步行为 | 散步行为 | 散步时长 | 16 | 散步持续的时间 |
| | | 散步距离 | 17 | 散步的总路程 |
| | | 陪伴情况 | 18 | 家人或朋友的陪伴情况 |
| | | 社交因素 | 19 | 散步时伴随的社交活动 |
| 步行者 | 步行者基本属性 | 性别因素 | 20 | 步行者的性别差异 |
| | | 年龄因素 | 21 | 步行者的年龄差异 |
| | | 生理因素 | 22 | 步行者的健康状态、疲劳程度等 |
| | | 心理因素 | 23 | 步行者的散步积极性等 |
| | | 职业因素 | 24 | 步行者的职业 |

**2. 主要影响因素提取**

本文针对列出的24个基本影响因素，制作用户调研问卷，邀请中年受访者对各因素对居住区绿地散步行为的重要程度进行判断。问卷中将重要程度划分为10个等级，1表示“完全不在意”，10表示“非常在意”。共收回429份有效问卷。

使用SPSS统计分析软件工具，对有效问卷数据进行因子分析。在因子分析中，采用主成分分析法，依据凯撒正态化最大方差法进行旋转。通过分析得到的KMO和巴特利特检验结果如表9-2所示，KMO取样适切性量数为超过0.9的高水平，说明各变量之间的信息重叠程度高、相关程度大。巴特利特球形度检验近似卡方值和显著性都达到极显著的水平。

表 9-2　KMO 和巴特利特检验结果

| KMO 取样适切性量数 | | 0.912 18 |
|---|---|---|
| 巴特利特球形度检验 | 近似卡方 | 6 258.64 |
| | 自由度 | 276 |
| | 显著性 | 0 |

在因子分析结果中，旋转后成分矩阵如表 9-3 所示。

表 9-3　旋转后的成分矩阵

| 因素 | 主成分 | | | | |
|---|---|---|---|---|---|
| | 1 | 2 | 3 | 4 | 5 |
| 地面铺装 | 0.206 | 0.172 | **0.783** | 0.208 | 0.013 |
| 护栏围栏 | 0.240 | 0.186 | **0.762** | 0.128 | 0.057 |
| 空间照明 | 0.188 | 0.051 | **0.752** | 0.265 | 0.141 |
| 空气流通 | 0.067 | 0.069 | 0.118 | 0.101 | **0.826** |
| 空间开敞 | 0.071 | 0.190 | 0.108 | 0.078 | **0.812** |
| 道路布局 | −0.084 | 0.325 | **0.626** | 0.077 | 0.326 |
| 导览系统 | −0.021 | 0.376 | 0.518 | 0.052 | 0.287 |
| 道路长度 | 0.189 | 0.547 | 0.390 | 0.182 | 0.275 |
| 道路宽度 | 0.142 | 0.447 | 0.365 | 0.172 | 0.447 |
| 台阶数量 | 0.264 | 0.520 | 0.398 | 0.172 | 0.142 |
| 是否遮阴 | 0.137 | 0.495 | 0.249 | 0.170 | 0.433 |
| 噪声大小 | 0.035 | 0.532 | 0.219 | 0.089 | 0.471 |
| 植物搭配 | 0.091 | **0.764** | 0.139 | 0.191 | 0.223 |
| 植物季相色彩 | 0.151 | **0.788** | 0.191 | 0.247 | 0.086 |
| 是否有水景 | 0.243 | **0.725** | 0.082 | 0.354 | −0.051 |
| 散步时长 | 0.194 | 0.301 | 0.145 | **0.779** | 0.112 |
| 散步距离 | 0.194 | 0.242 | 0.167 | **0.791** | 0.123 |
| 陪伴情况 | 0.191 | 0.147 | 0.209 | **0.775** | 0.165 |
| 社交因素 | 0.346 | 0.277 | 0.235 | **0.620** | −0.004 |

（续表）

| 因素 | 主成分 | | | | |
|---|---|---|---|---|---|
| | 1 | 2 | 3 | 4 | 5 |
| 性别因素 | **0.766** | 0.296 | 0.099 | 0.119 | -0.090 |
| 年龄因素 | **0.860** | 0.084 | 0.101 | 0.149 | 0.036 |
| 生理因素 | **0.854** | 0.084 | 0.133 | 0.194 | 0.119 |
| 心理因素 | **0.813** | 0.115 | 0.099 | 0.219 | 0.120 |
| 职业因素 | **0.798** | 0.076 | 0.143 | 0.122 | 0.098 |

根据旋转后成分矩阵结果，可提取5个公因子。对各个公因子对应的PIFs的含义加以整合、概括，定义出对应的5个主要影响因素（MIFs），分别为：散步者基本因素、空气流通因素、步行安全因素、散步社交因素、景观品质因素，其主要描述如表9-4所示。

**表9-4 居住区绿地中中年居民散步行为的主要影响因素**

| 序号 | MIFs | 描述 | 涉及内容 |
|---|---|---|---|
| 1 | 散步者基本因素 | 散步者的性别、年龄等基本属性 | 性别、年龄、职业、生理、心理 |
| 2 | 空气流通因素 | 步行空间是否开敞、空气流通情况 | 空气流通、空间开敞 |
| 3 | 步行安全因素 | 步行空间安全设施是否充足 | 护栏围栏、空间照明、铺装材料 |
| 4 | 散步社交因素 | 散步过程中的社交活动 | 陪伴情况、社交因素 |
| 5 | 景观品质因素 | 景观植物、水景、道路是否优质 | 植物搭配、季相色彩、水景 |

### 3. 关键影响因素挖掘

以5个主要影响因素制作决策实验室法问卷，并再次进行用户调研。问卷中，两个主要影响因素之间的影响作用分为5个等级：1表示“无影响”、2表示“有点影响”、3表示“比较影响”、4表示“十分影响”、5表示“非常影响”。共收集到来自中年居民（36～60岁）的反馈问卷41份，根据答题时间和答题内容等进行筛选后，最终确定有效问卷数量18份。

通过对有效问卷数据进行平均化和标准化处理，得到标准化直接关系矩阵，如表 9-5 所示。其中序号 1～5 分别表示散步者基本因素、空气流通因素、步行安全因素、散步社交因素、景观品质因素。

**表 9-5　标准化直接关系矩阵**

| 因子 | 1 | 2 | 3 | 4 | 5 |
|---|---|---|---|---|---|
| **1** | 0.000 00 | 0.176 83 | 0.195 12 | 0.262 20 | 0.268 30 |
| **2** | 0.231 71 | 0.000 00 | 0.225 61 | 0.182 93 | 0.243 91 |
| **3** | 0.274 39 | 0.231 71 | 0.000 00 | 0.195 12 | 0.250 00 |
| **4** | 0.243 91 | 0.219 51 | 0.195 12 | 0.000 00 | 0.201 22 |
| **5** | 0.262 20 | 0.256 10 | 0.243 91 | 0.237 81 | 0.000 00 |

接着，进行决策实验室法运算，得到直接/间接关系矩阵，如表 9-6 所示。其中加粗的部分表示值大于门槛值 2.420（矩阵中所有元素值的四分位数 Q3）。

**表 9-6　直接/间接关系矩阵**

| 因子 | 1 | 2 | 3 | 4 | 5 |
|---|---|---|---|---|---|
| **1** | 2.293 27 | 2.202 56 | 2.171 74 | 2.265 56 | **2.419 61** |
| **2** | **2.447 71** | 2.020 62 | 2.163 46 | 2.180 85 | 2.373 16 |
| **3** | **2.611 80** | 2.329 86 | 2.098 36 | 2.312 20 | **2.508 87** |
| **4** | 2.392 75 | 2.143 70 | 2.087 19 | 1.970 00 | 2.284 26 |
| **5** | **2.696 40** | **2.429 14** | 2.375 55 | **2.422 79** | 2.397 33 |

在直接/间接关系矩阵中，每一行数据的和代表着该行因素对其他因素的影响程度，记为 D；每一列数据的和代表着该列因素受其他因素影响的程度，记为 R。可以通过中心度（D+R）值和原因度（D−R）值来比较各元素的重要程度和相互影响关系，计算结果如表 9-7 所示，其中字体加粗的数据表示其大于所有中心度数据的平均值。

表 9-7　中心度值和原因度值排序

| 序号 | 主要影响因素 | 中心度值 | 序号 | 主要影响因素 | 原因度值 |
|---|---|---|---|---|---|
| 5 | 景观品质因素 | **24.304** | 3 | 步行安全因素 | 0.965 |
| 1 | 散步者基本因素 | **23.795** | 5 | 景观品质因素 | 0.338 |
| 3 | 步行安全因素 | 22.757 | 2 | 空气流通因素 | 0.060 |
| 2 | 空气流通因素 | 22.312 | 4 | 散步社交因素 | −0.274 |
| 4 | 散步社交因素 | 22.029 | 1 | 散步者基本因素 | −1.089 |

根据各个 MIFs 的中心度值、原因度值及直接/间接关系矩阵，绘制因果图，如图 9-1 所示。

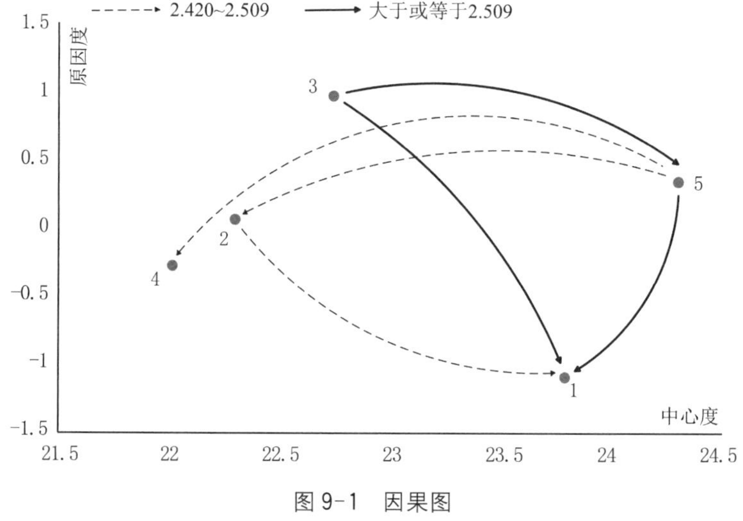


图 9-1　因果图

图中横坐标为中心度、纵坐标为原因度，实线表示 MIFs 之间的影响程度大于 2.509（高于门槛值的所有矩阵元素值的三分之二位置处），是强影响关系；虚线则表示 MIFs 之间的影响程度大于门槛值（2.420）而小于 2.509，是较强影响关系；影响程度低于门槛值的，不在因果图中进行表示。

## 三、结论与对策建议

一方面，从第一轮用户调研数据的分析结果来看，中年居民在居住区绿地中散步时，除了考虑安全、景观、社交、散步者本身等基本因素外，对于空气流通和空气开敞度的重视程度也很高。作为提取的主要影响因素，散步者基本因素、景观品质因素、步行安全因素、散步社交因素、空气流通因素也全面地概括了散步人、散步行为和散步环境的三个方面。

从第二轮用户调研数据的分析结果来看，5 个主要影响因素的中心度值居前的是景观品质因素、散步者基本因素。它们是对散步行为问题起支配性作用的关键影响因素。这与中年居民更加关注自身健康与需求的特征相对应，也与居住区绿地散步成为主要休闲放松方式的背景相符合。中年居民更希望在居住区散步过程中，享受到更美丽、更舒适的景观环境，并且会根据自身的性别、年龄、职业做出不同的散步行为选择。中年居民对于散步过程中社交因素的重视程度较低，对于空气流通因素的重视程度较高。

另一方面，步行安全因素的原因度值高居首位，总体上对其他因素起重要影响作用。这与中年居民的年龄特质相符合，他们心智成熟，将环境安全作为景观空间的基本要求，安全因素几乎决定了散步者基本因素的变化，包括健康状况和心理、生理因素，并且在很大程度上影响中年居民对景观品质因素的评价。景观品质因素总体上也影响其他因素，与其他因素之间存在复杂的影响关系，属于较为基础的影响因素。景观品质涉及景观空间中的空气流通要素和散步社交要素，通过景观空间的疏密、组合可以引导空气流通，而空间设施和氛围营造则可以影响散步中社交活动的发生。景观品质与散步者基本要素相互影响，景观空间的品质本身对于散步者的身体状况、主观情绪有着很大的影响。

总的来看，中年居民在居住区绿地中散步时，更加重视安全要素和景观品质，对于景观的美观度、舒适度、安全度和空气流通度有着更高的要求。

针对中年居民在居住区绿地中散步的需求，在城市住区规划及居住区绿地景观空间设计时，应当注意景观品质及环境安全的保障。具体可采取如下措施：

（1）居住区绿地体系化建设。在居住区绿地的有限空间中，规划设计更加完整的绿地空间体系，以满足居民在居住区绿地中享受更优质的自然环境的要求。

(2) 保证空间开敞和空气流通。通过植物或景墙围合、顺应自然风向的空间组织,对景观空间中的空气流通进行引导,保障居住区绿地中的空气质量。

(3) 引导安全的社交活动,在居住区绿地空间中,通过休憩设施的合理设置、空间间隔的科学安排,对居民之间的社交活动进行安全引导,以满足居民在散步过程中保持社交距离同时进行适度社交的心理需求。

(4) 完善步行空间设施建设。对于护栏围栏、空间照明、地面铺装、娱乐休憩设施、健身设施等空间设施,进行空间上的合理安排和功能上的完善建设,在保证步行环境安全的基础上,引导居民合理进行更丰富、更健康的活动。

## 参考文献

[1] 初楚,龙春英,姚子雪.老年人散步行为与城市公园道路设计的关联性研究[J].华中建筑,2020,38(3):35-41.

[2] 周俭.城市住宅区规划原理[M].上海:同济大学出版社,1999.

[3] 赵元月.基于环境行为学的广州市近郊住区散步环境研究[D].广州:华南理工大学,2012.

[4] 赵元月,刘川江.基于环境行为学的城市住区散步环境构建策略[J].智能城市,2018,4(18):53-54.

[5] 沈莉颖.城市居住区园林空间尺度研究[D].北京:北京林业大学,2012.

[6] 包敏.基于行为与心理要素的居住区绿地设计应用研究[D].西安:西北大学,2016.

第十章

# 城市公共绿地空间内青年居民的散步行为

## 一、引言

居住区绿地步行空间则是指在居住区绿地内部、主要面向小区居民的可以步行走路的环境，包括步行道、活动广场、小庭院等。

居住区绿地是人们日常锻炼身体、缓解心情、接触自然的重要室外公共空间。散步是在现代城市居住区绿地中比较常见的一种活动行为。在城市中，散步行为开展的限制条件少，成本低，到达的路径比较方便，家所在的居住小区就提供了步行空间，同时随着人们健康生活的意识越来越强，散步行为成为广大居民茶余饭后进行休闲健身的主要方式。

目前已有一些对于居民散步行为的研究。例如研究人员基于环境行为学进行散步环境研究，分析了居民散步行为的需求[1]，又总结出有路可行、安全、便捷、舒适、自由五个层次目标来进行散步环境的策略构建[2]。也有研究人员基于方差分析和最小显著性差异法(LSD)检验，散步行为与道路设计之间的关联性，探讨老年人散步行为与城市公园道路设计的关联性[3]。还有研究人员探究公园步行空间与老年人散步行为的关联性，根据结构方程模型得出了趣味性、舒适性、便利性和畅行性的显著正相关[4]。

这些对本文有一定的借鉴意义。但本文更希望将人群扩展到一个较大的年龄段，同时将研究范围着眼于居住区绿地。为了探究居住区绿地步行空间居民散步行为的影响问题，本文将居民按照年龄分为老年居民(60 岁以上)、中年居民(36～60 岁)与青年居民(18～35 岁)，基于环境行为学的相关理论，分析相关基本影响因素，采用因子分析提取主要影响因素，运用决策实验室法发现关键影响因素和青年居民散步行为问题的内在机制。

## 二、居民散步行为的主要影响因素提取

### 1. 多年龄段居民散步行为的基本影响因素整理

基于文献检索、用户调研及观察分析，整理出 24 个基本影响因素，如图 10-1 所示。

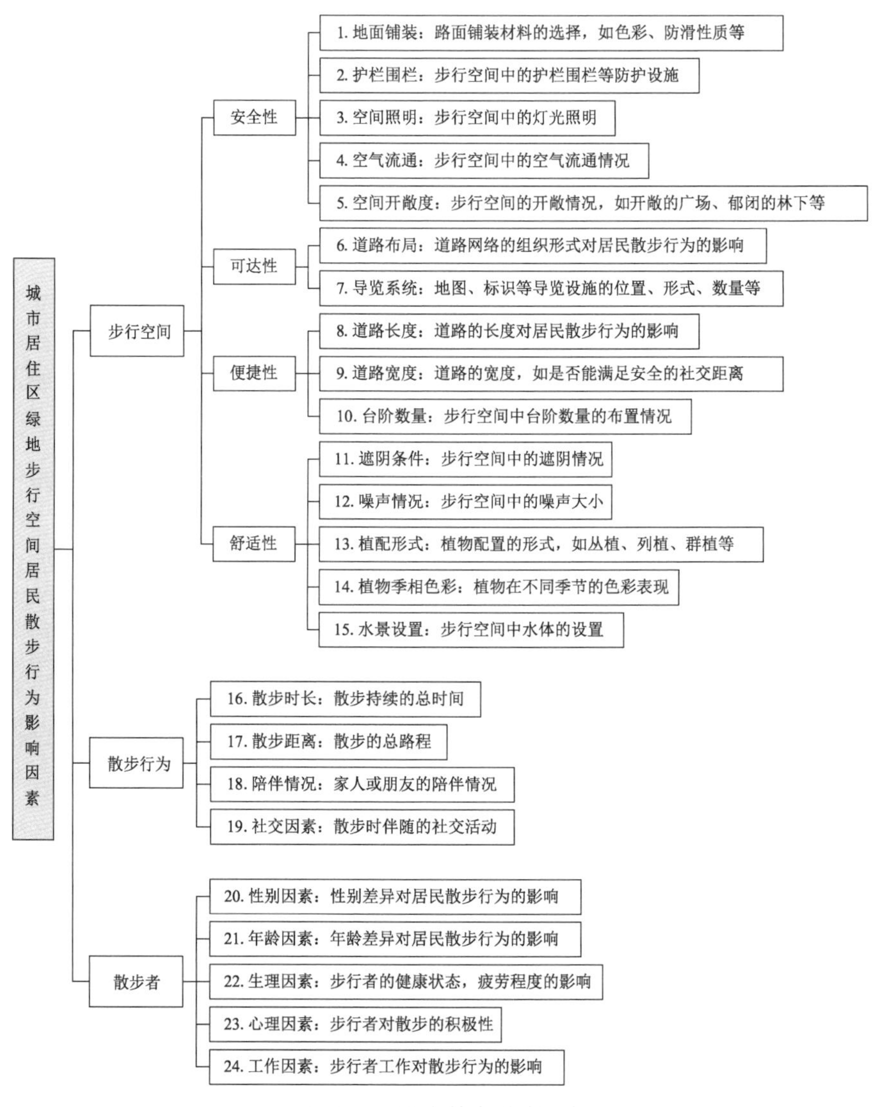


图 10-1 24 个基本影响因素

### 2. 主要影响因素提取

基本影响因素的含义可能存在重叠性，同时基本影响因素数量过多也会增加后续决策实验室法问卷调研中受访者的判断负荷，导致判断失真或耐心不足等问题，因此本文先通过用户调研了解受访者对 24 个基本影响因素对散步行为的影响程度。在调研问卷中，按照 1～10 分等级进行评判，其中 1 分表示完全不在意此种因素，10 分表示非常在意。最终收集了 429 份有效问卷数据，其中 30%来自 60 岁以上的老年人受访者，37%来自 36～60 岁的中年人受访者，33%为 18～35 岁的青年人受访者。

运用统计分析软件对数据进行因子分析，提取出 5 个公因子。进一步归纳、描述出多年龄段居民散步行为的 5 个主要影响因素(MIFs)，即散步者基本因素、空间开敞因素、步行安全因素、散步社交因素及景观品质因素，如表 10-1 所示。

表 10-1　主要影响因素

| 编号 | MIFs | 描述 | 涉及内容 |
| --- | --- | --- | --- |
| 1 | 散步者基本因素 | 年轻或年长、男性或女性、健康或生病等散步人的不同基本情况 | 年龄、生理、心理、工作、性别 |
| 2 | 空间开敞因素 | 散步的绿地空间通风良好或郁闭闷热，开敞明亮或私密隐蔽 | 空间开敞度，空气流通度 |
| 3 | 步行安全因素 | 地面平整或凹凸不平，水面及高处有护栏或无护栏，夜晚路灯明亮或没有路灯 | 地面铺装，护栏，灯光照明，道路布局，导览系统 |
| 4 | 散步社交因素 | 家人朋友一同散步或单独一人散步、散步时遇到熟人聊天或始终单独安静散步 | 家人的陪伴，社交，散步的距离与时长 |
| 5 | 景观品质因素 | 散步途中有有趣的水景、丰富的花草树木、舒适的座椅设施，或散步途中没有水景、植物单调、少有服务设施 | 植物的季相，植物的宜人度，水景，道路长度，噪声大小，遮阴情况 |

## 三、青年居民散步行为的关键影响因素与影响机制

### 1. 决策实验室法问卷的用户调研

以上述 5 个 MIFs 制作决策实验室法问卷，借助问卷星进行线上发布和

调研,邀请受访者对 MIFs 两两之间的影响关系和影响程度进行评判。问卷中设置 5 个等级,“0”表示无影响,“1”表示影响较小,“2”表示影响一般,“3”表示影响较大,“4”表示非常影响。

**2. 数据收集与分析**

对收集到的问卷,根据年龄因素筛选出来自 18～35 岁青年居民的问卷 67 份,经过甄别,得到 39 份有效问卷的数据。其平均化直接关系矩阵如表 10-2 所示。

**表 10-2　平均化直接关系矩阵**

| 因子 | 1 | 2 | 3 | 4 | 5 |
|---|---|---|---|---|---|
| 1 | 0.000 000 000 | 2.205 128 205 | 2.333 333 333 | 2.025 641 026 | 1.974 358 974 |
| 2 | 2.461 538 462 | 0.000 000 000 | 2.179 487 179 | 2.000 000 000 | 2.051 282 051 |
| 3 | 2.307 692 308 | 2.128 205 128 | 0.000 000 000 | 1.948 717 949 | 2.102 564 103 |
| 4 | 2.153 846 154 | 2.205 128 205 | 2.102 564 103 | 0.000 000 000 | 1.923 076 923 |
| 5 | 2.153 846 154 | 2.333 333 333 | 2.128 205 128 | 2.230 769 231 | 0.000 000 000 |

通过标准化处理得到标准化直接关系矩阵后,进行决策实验室法运算,得到直接/间接关系矩阵(见表 10-3),并求出各因素的中心度(D+R)和原因度(D−R)的值(见表 10-4)。

**表 10-3　直接/间接关系矩阵**

| 因子 | 1 | 2 | 3 | 4 | 5 |
|---|---|---|---|---|---|
| 1 | 6.779 576 581 | 6.842 746 829 | 6.787 246 967 | 6.420 385 752 | 6.331 971 849 |
| 2 | 7.096 748 584 | 6.740 596 009 | 6.872 617 147 | 6.509 922 166 | 6.427 524 787 |
| 3 | 6.956 571 987 | 6.808 187 902 | 6.549 622 384 | 6.387 616 515 | 6.314 351 627 |
| 4 | 6.876 136 587 | 6.745 686 647 | 6.674 181 648 | 6.142 972 33 | 6.238 038 352 |
| 5 | 7.173 645 997 | 7.046 780 471 | 6.964 664 71 | 6.618 336 36 | 6.329 248 912 |

**表 10-4　中心度值与原因度值**

| MIFs | 中心度值 | MIFs | 原因度值 |
|---|---|---|---|
| 散步者基本因素 | 68.044 61 | 景观品质因素 | 2.491 540 922 |
| 空间开敞因素 | 67.831 41 | 散步社交因素 | 0.597 782 441 |

（续表）

| MIFs | 中心度值 | MIFs | 原因度值 |
|---|---|---|---|
| 步行安全因素 | 66.864 68 | 空间开敞因素 | −0.536 589 164 |
| 景观品质因素 | 65.773 81 | 步行安全因素 | −0.831 982 442 |
| 散步社交因素 | 64.756 25 | 散步者基本因素 | −1.720 751 757 |

当中心度值越大，表示此因素在整个影响因素中占的权重越大。可见，居住区绿地步行空间青年居民散步行为的最关键影响因素是散步者基本因素，其余依次是空间开敞因素、步行安全因素、景观品质因素、散步社交因素。

当原因度正值越大时，表示此因素总体上更对其他因素产生影响；当原因度负值越大时，表示此因素总体上被其他因素所影响。可见，景观品质因素是其他因素的最大影响因素。

**3. 因果图构建**

绘制因果图，如图 10-2 所示，其中横轴为中心度，纵轴为原因度，实线表示因素间有强影响关系，虚线表示因素间有较强影响关系，箭头表示影响方向。从因果图可直观看到，景观品质因素、空间开敞因素对散步者基本因素都有强影响作用。

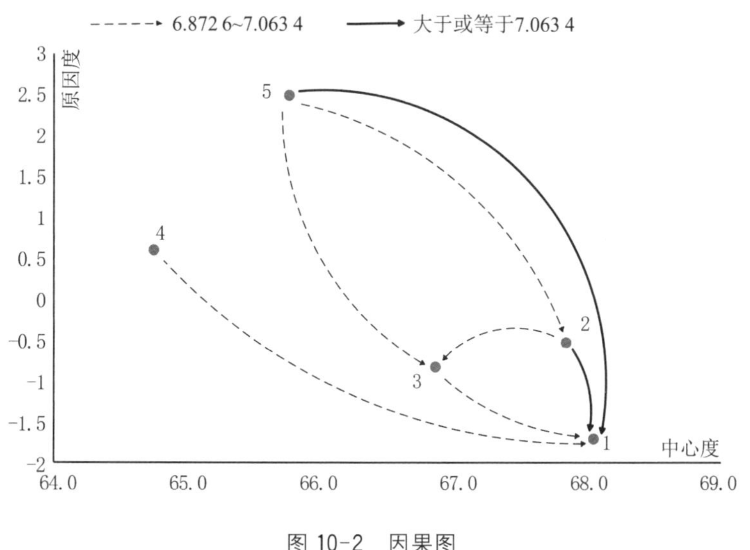


图 10-2　因果图

## 四、结论与建议

中心度值的前三项分别是：散步者基本因素、空间开敞因素、步行安全因素。散步者基本因素是青年居民散步行为的最关键影响因素，这表明青年居民自身的性别、所处年龄、身体健康状况与心理状态等方面，对他们在公共绿地空间中的散步行为问题起到最重要的影响作用。景观品质因素的原因度值最高且远高于其他因素原因度值，这表明景观品质在总体上很大程度地影响着其他各因素。

由因果图可见，景观品质因素对散步者基本因素有强直接影响作用，又通过步行安全因素和空间开敞因素对散步者基本因素有间接影响作用。空间开敞因素也对散步者基本因素有强直接影响作用。这表明景观品质、空间开敞都对散步者（尤其是对其心理层面和行为层面）有很大的影响。

景观品质和空间开敞都是风景园林师在设计中会进行精心设计的方面。由此可见居住区绿地步行空间的改善方向。

第一是景观品质问题。现在居住区有绿化率的要求，绿化的品质如何是一个值得思考的问题。

第二是空间开敞问题。在以往的园林绿化设计中，较多关注私密空间的设计，让游园者有着更多的自由冥想的空间，在散步过程中，很多人也喜欢曲径通幽的效果。而现在人们开始注意开敞的空间，这样的空间对散步者的心理、生理都有一定的积极作用，给人安全感，也让人呼吸到新鲜的空气。这就意味着在以后的居住区绿地步行空间的设计中，在考虑一定的私密性遮挡的同时，更多地要去考虑开敞通风的场所，这将是一个需要精心设计的重点部分。

## 附录

### 一、基于环境行为学的城市居住区绿地步行空间居民散步行为影响因素分析

1. 您的性别 [单选题]*

○ 男

○ 女

2. 您的年龄 [单选题]*

○ 60 岁以上

○ 36～60 岁

○ 18～35 岁

○ 18 岁以下(不包括 18 岁)

请选择在散步过程中,您会在意什么项目。

3. 以下是一些影响安全性的要素,请选择您在意的(1 为完全不在意,10 为非常在意) [矩阵量表题]*

| 因素 | 1 | 2 | 3 | 4 | 5 | 6 | 7 | 8 | 9 | 10 |
|---|---|---|---|---|---|---|---|---|---|---|
| 地面铺装 | ○ | ○ | ○ | ○ | ○ | ○ | ○ | ○ | ○ | ○ |
| 护栏围栏 | ○ | ○ | ○ | ○ | ○ | ○ | ○ | ○ | ○ | ○ |
| 空间照明 | ○ | ○ | ○ | ○ | ○ | ○ | ○ | ○ | ○ | ○ |
| 空气流通 | ○ | ○ | ○ | ○ | ○ | ○ | ○ | ○ | ○ | ○ |
| 空间开敞度 | ○ | ○ | ○ | ○ | ○ | ○ | ○ | ○ | ○ | ○ |

4. 步行空间的可达性(1 为完全不在意,10 为非常在意) [矩阵量表题]*

| 因素 | 1 | 2 | 3 | 4 | 5 | 6 | 7 | 8 | 9 | 10 |
|---|---|---|---|---|---|---|---|---|---|---|
| 道路布局 | ○ | ○ | ○ | ○ | ○ | ○ | ○ | ○ | ○ | ○ |
| 导览系统 | ○ | ○ | ○ | ○ | ○ | ○ | ○ | ○ | ○ | ○ |

5. 步行空间的便捷性(1 为完全不在意,10 为非常在意) [矩阵量表题]*

| 因素 | 1 | 2 | 3 | 4 | 5 | 6 | 7 | 8 | 9 | 10 |
|---|---|---|---|---|---|---|---|---|---|---|
| 道路长度 | ○ | ○ | ○ | ○ | ○ | ○ | ○ | ○ | ○ | ○ |
| 道路宽度 | ○ | ○ | ○ | ○ | ○ | ○ | ○ | ○ | ○ | ○ |
| 台阶数量 | ○ | ○ | ○ | ○ | ○ | ○ | ○ | ○ | ○ | ○ |

6. 步行空间的舒适性(1 为完全不在意,10 为非常在意) [矩阵量表题]*

| 因素 | 1 | 2 | 3 | 4 | 5 | 6 | 7 | 8 | 9 | 10 |
|---|---|---|---|---|---|---|---|---|---|---|
| 遮阴条件 | ○ | ○ | ○ | ○ | ○ | ○ | ○ | ○ | ○ | ○ |
| 噪声情况 | ○ | ○ | ○ | ○ | ○ | ○ | ○ | ○ | ○ | ○ |
| 植配形式 | ○ | ○ | ○ | ○ | ○ | ○ | ○ | ○ | ○ | ○ |
| 植物季相色彩 | ○ | ○ | ○ | ○ | ○ | ○ | ○ | ○ | ○ | ○ |
| 水景设置 | ○ | ○ | ○ | ○ | ○ | ○ | ○ | ○ | ○ | ○ |

7. 散步行为(1 为完全不在意,10 为非常在意) [矩阵量表题]*

| 因素 | 1 | 2 | 3 | 4 | 5 | 6 | 7 | 8 | 9 | 10 |
|---|---|---|---|---|---|---|---|---|---|---|
| 散步时长 | ○ | ○ | ○ | ○ | ○ | ○ | ○ | ○ | ○ | ○ |
| 散步距离 | ○ | ○ | ○ | ○ | ○ | ○ | ○ | ○ | ○ | ○ |
| 陪伴情况 | ○ | ○ | ○ | ○ | ○ | ○ | ○ | ○ | ○ | ○ |
| 社交因素 | ○ | ○ | ○ | ○ | ○ | ○ | ○ | ○ | ○ | ○ |

8. 您认为以下散步者本身的因素对散步行为有影响吗(1 为完全不影

响，10 为非常影响）［矩阵量表题］*

| 因素 | 1 | 2 | 3 | 4 | 5 | 6 | 7 | 8 | 9 | 10 |
|---|---|---|---|---|---|---|---|---|---|---|
| 性别因素 | ○ | ○ | ○ | ○ | ○ | ○ | ○ | ○ | ○ | ○ |
| 年龄因素 | ○ | ○ | ○ | ○ | ○ | ○ | ○ | ○ | ○ | ○ |
| 生理因素 | ○ | ○ | ○ | ○ | ○ | ○ | ○ | ○ | ○ | ○ |
| 心理因素 | ○ | ○ | ○ | ○ | ○ | ○ | ○ | ○ | ○ | ○ |
| 工作因素 | ○ | ○ | ○ | ○ | ○ | ○ | ○ | ○ | ○ | ○ |

## 二、居住区绿地青年居民散步行为影响因素调研

您好，为了探索影响青年（18～35 岁）居民在居住区绿地中散步行为的关键因素，我们希望通过此问卷了解各个关键指标间的关系。请您根据个人经验及知识，提供您的看法及意见。

您的基本情况：

1. 您曾在小区中或其他居住区绿地中散步过吗？［单选题］*

○是

○否（请跳至问卷末尾，提交答卷）

2. 您平时经常在小区中或其他居住区绿地中散步吗？［单选题］*

○是

○否（请跳至问卷末尾，提交答卷）

3. 当青年人在居住区绿地散步时，散步人的基本情况（如年龄、健康等）对以下指标有多大程度的影响？

（年轻或年长、男性或女性、健康或生病等散步人的不同基本情况，对以下因素产生怎样的影响）［矩阵单选题］*

| 因素 | 无影响 | 影响较小 | 影响一般 | 影响较大 | 非常影响 |
|---|---|---|---|---|---|
| 对于步道空气流通性（如空间开敞的环境） | ○ | ○ | ○ | ○ | ○ |
| 对于步道安全性（如有围栏、防滑、有灯的环境） | ○ | ○ | ○ | ○ | ○ |
| 对于散步时的社交（如能有人聊天的环境） | ○ | ○ | ○ | ○ | ○ |
| 对于步道景观品质（如有水景、有花草的环境） | ○ | ○ | ○ | ○ | ○ |

4. 当青年人在居住区绿地散步时，步道空气流通性（如通风、空间更大的环境）对以下指标有多大程度的影响？

（散步的绿地空间通风良好或郁闭闷热、开敞明亮或私密隐蔽，对以下因素产生怎样的影响） ［矩阵单选题］*

| 因素 | 无影响 | 影响较小 | 影响一般 | 影响较大 | 非常影响 |
|---|---|---|---|---|---|
| 对于散步人的基本情况（如年龄、健康等） | ○ | ○ | ○ | ○ | ○ |
| 对于步道安全性（如有围栏、防滑、有灯的环境） | ○ | ○ | ○ | ○ | ○ |
| 对于散步时的社交（如能有人聊天的环境） | ○ | ○ | ○ | ○ | ○ |
| 对于步道景观品质（如有水景、有花草的环境） | ○ | ○ | ○ | ○ | ○ |

5. 当青年人在居住区绿地散步时，步行安全（如地面铺装、护栏围栏、夜间道路照明等）对以下指标有多大程度的影响？

（地面平整或凹凸不平、水面及高处有护栏或无护栏、夜晚路灯明亮或没有路灯，对以下因素产生怎样的影响） ［矩阵单选题］*

| 因素 | 无影响 | 影响较小 | 影响一般 | 影响较大 | 非常影响 |
| --- | --- | --- | --- | --- | --- |
| 对于散步人的基本情况(如年龄、健康等) | ○ | ○ | ○ | ○ | ○ |
| 对于步道空气流通性(如选择空间开敞的环境) | ○ | ○ | ○ | ○ | ○ |
| 对于散步时的社交(如能有人聊天的环境) | ○ | ○ | ○ | ○ | ○ |
| 对于步道景观品质(如有水景、有花草的环境) | ○ | ○ | ○ | ○ | ○ |

6. 当青年人在居住区绿地散步时,散步时伴随的社交(如家人朋友陪伴、散步时参与聊天等社交活动等)对以下指标有多大程度的影响?

(家人朋友一同散步或单独一人散步、散步时遇到熟人聊天或始终单独安静散步,对以下因素产生怎样的影响) [矩阵单选题]*

| 因素 | 无影响 | 影响较小 | 影响一般 | 影响较大 | 非常影响 |
| --- | --- | --- | --- | --- | --- |
| 对于散步人的基本情况(如年龄、健康等) | ○ | ○ | ○ | ○ | ○ |
| 对于步道空气流通性(如选择空间开敞的环境) | ○ | ○ | ○ | ○ | ○ |
| 对于步道安全性(如选择有围栏、防滑、有灯的环境) | ○ | ○ | ○ | ○ | ○ |
| 对于步道景观品质(如有水景、有花草的环境) | ○ | ○ | ○ | ○ | ○ |

7. 当青年人在居住区绿地散步时,步道景观品质(如选择有水景、有花草的环境)对以下指标有多大程度的影响?

(散步途中有有趣的水景、丰富的花草树木、舒适的座椅设施,或散步途中没有水景、植物单调、没有服务设施,对以下因素产生怎样的影响) [矩阵单选题]*

| 因素 | 无影响 | 影响较小 | 影响一般 | 影响较大 | 非常影响 |
|---|---|---|---|---|---|
| 对于散步人的基本情况（如年龄、健康等） | ○ | ○ | ○ | ○ | ○ |
| 对于步道空气流通性（如选择空间开敞的环境） | ○ | ○ | ○ | ○ | ○ |
| 对于步道安全性（如选择有围栏、防滑、有灯的环境） | ○ | ○ | ○ | ○ | ○ |
| 对于散步时的社交（如选择能有人聊天的环境） | ○ | ○ | ○ | ○ | ○ |

## 参考文献

[1] 赵元月. 基于环境行为学的广州市近郊住区散步环境研究[D]. 广州：华南理工大学，2012.

[2] 赵元月，刘川江. 基于环境行为学的城市住区散步环境构建策略[J]. 智能城市，2018，4(18)：53-54.

[3] 初楚，龙春英，姚子雪. 老年人散步行为与城市公园道路设计的关联性研究[J]. 华中建筑，2020，38(3)：35-41.

[4] 尤航，龙春英. 城市公园步行空间与老年人散步行为关联研究[J]. 江西科学，2019，37(4)：536-542.

第十一章

# 企业设计团队对在线协作工具的选择

## 一、引言

随着互联网的发展，设计团队开始使用线上协作工具进行设计项目的推进和管理。团队协作工具是当今办公工具市场新兴的类型，是随着人们碎片化的办公时间、多地址的办公环境、团队化的沟通行为而产生的[1]。网络基础设施的完善，大数据、云计算等技术带动"软件即服务"(Software-as-a-Service，SaaS)持续发展。

社交计算的发展产生了许多工作场所协作工具。在线协作工具(如Google Docs)为设计师提供了不同的沟通和协作方式，但是也具有一定的局限性。有的研究者设计了在线协作系统，着重设计系统的可访问性及易用性和学习性，设计师使用社交媒体和其他通用工具在组织之间进行协作[2]。国内也有研究探索了在线协作工具的开发，通过有效的计划、组织、管理与控制，利用人员、设备等有限的资源与数据，完成相应的设计[3]。协作设计的效用性在过程中以信息传递的有效性与高效性为主要评判依据，同时决策过程中的统筹方式对于动态团队的协作设计效用有同样重要的指导意义[4]。

本文基于文献检索与用户调研对在线协作工具的基本影响因素进行收集，运用因子分析法提取主要影响因素，继而采用决策实验室法分析企业设计团队选择在线协作工具这一决策行为的影响机制，并提出对现有在线协作工具加以改进的设计策略。

## 二、选择行为的主要影响因素分析

### 1. 选择行为的基本影响因素整理

基于文献检索和用户分析，搜集和整理出企业设计团队选择在线协作工具的23个基本影响因素（PIFs），如表11-1所示。

**表11-1 企业设计团队对在线协作工具选择行为的基本影响因素**

| 分类 | 编号 | PIFs | 描述 |
|---|---|---|---|
| 设计工具 | 1-1 | 创意自由度 | 有足够大的画板，能自由表达、头脑风暴、整理事务 |
| | 1-2 | 元素多样性 | 有多样的内置元素和可嵌入元素，如形状、便签、图表、多媒体、文件等 |
| | 1-3 | 模板丰富性 | 可用模板种类多、范围广，如思维导图、鱼骨图、用户体验地图、商业画布等 |
| | 1-4 | 操作流畅性 | 工具、模板等符合操作习惯，在线使用流畅度高 |
| | 1-5 | 使用门槛低 | 专业要求低，对零经验使用者友好 |
| | 1-6 | 专业性 | 元素、工具、图表具有专业性，符合设计标准 |
| | 1-7 | 规范性 | 可以定制团队的设计规范、统一管理设计资源 |
| | 1-8 | 美观性 | 界面、元素、模板外观具有创意、美感 |
| 协作方式 | 2-1 | 会议功能性 | 具备基础的会议功能，如文字、语音、视频、演示、共享、分组讨论等 |
| | 2-2 | 操作实时性 | 可以看到每个成员的实时操作和资源的更新状况 |
| | 2-3 | 沟通多样性 | 有多种沟通方式，随时随地评审反馈，如表情、便签、批注、留言、邮件等 |
| | 2-4 | 项目管理 | 管理项目进度、安排时间节点，如甘特图、项目评估与评审技术图等 |
| | 2-5 | 资源管理 | 统一管理、查看、下载各类设计资源和过程文档 |
| | 2-6 | 团队管理 | 不同角色具有个性化的功能和权限，保证团队合作效率 |
| 应用平台 | 3-1 | 整合性 | 整合通用、齐全的第三方App市场，与其他设计工具互联 |
| | 3-2 | 安全性 | 保证账户安全、隐私性，防止数据泄漏 |
| | 3-3 | 权威性 | 平台的知名度，合作机构与使用团队的数量、规模 |

（续表）

| 分类 | 编号 | PIFs | 描述 |
|---|---|---|---|
| 应用平台 | 3-4 | 容纳量 | 允许同时在线协作的人数、同时进行的项目数量、可传输的文件大小 |
| | 3-5 | 兼容性 | 支持不同设备、系统、浏览器 |
| | 3-6 | 性价比 | 定价与质量相比的合理性 |
| 使用团队 | 4-1 | 需求强度 | 不同的使用目的或不同的创意阶段对设计工具的依赖度和需求度不同 |
| | 4-2 | 使用经验 | 线上设计工具的使用经历和操作熟悉度 |
| | 4-3 | 教育水平 | 专业背景和相关设计水平 |

### 2. 基于因子分析法的因素归纳

本文进行用户调研，邀请受访者评判各个 PIFs 对企业设计团队选择在线协作工具行为的影响程度。共回收 54 份问卷，其中来自设计专业学生的为 33 份，来自在职设计师的为 20 份，1 份为无效问卷。对来自在职设计师的 20 份问卷数据进行因子分析。根据分析结果，归纳出企业设计团队在线协作工具选择行为的 10 个主要影响因素（MIFs），如表 11-2 所示。

表 11-2　企业设计团队在线协作工具选择行为的主要影响因素

| 编号 | MIFs | 描述 |
|---|---|---|
| 1 | 价格因素 | 定价与质量相比的合理性 |
| 2 | 操作因素 | 工具、模板等符合操作习惯，在线使用流畅度高 |
| 3 | 权威因素 | 平台的知名度，合作机构与使用团队的数量、规模 |
| 4 | 资源因素 | 统一管理、查看、下载各类设计资源和过程文档 |
| 5 | 创意因素 | 有足够大的画板，能自由表达、头脑风暴、整理事务 |
| 6 | 需求因素 | 不同的使用目的或不同的创意阶段对设计工具的依赖度和需求度不同 |
| 7 | 门槛因素 | 专业要求低，对零经验使用者友好 |
| 8 | 教育因素 | 专业背景和相关设计水平 |
| 9 | 经验因素 | 线上设计工具的使用经历和操作熟悉度 |
| 10 | 管理因素 | 管理项目进度、安排时间节点，如甘特图、项目评估与评审技术图等 |

## 三、关键影响因素与影响机制分析

### 1. 决策实验室法用户调研与数据分析

以 10 个 MIFs 制作决策实验室法问卷再次进行用户调研，邀请符合条件的在职设计师对任意两个 MIFs 之间的影响作用方向和程度进行评断。问卷中，影响关系分为 4 级，其中“1”代表无影响，“2”代表轻微影响，“3”代表一般影响，“4”代表非常影响。

本次调研面向成年且身份为“在职设计师”的用户展开，共邀请 43 名用户参与，一共收回 43 份有效问卷。以此得到平均化直接关系矩阵、标准化直接关系矩阵，并经过运算得到直接/间接关系矩阵，如表 11-3 所示。将计算得到的直接/间接关系矩阵所用元素值的四分位数作为门槛值(0.702)，高于此门槛值的两两影响关系是较强的影响作用。

表 11-3　直接/间接关系矩阵

| 因素 | 价格因素 | 操作因素 | 权威因素 | 资源因素 | 创意因素 | 需求因素 | 门槛因素 | 教育因素 | 经验因素 | 管理因素 |
|---|---|---|---|---|---|---|---|---|---|---|
| 价格因素 | 0.607 | 0.659 | **0.712** | 0.659 | **0.720** | **0.720** | 0.688 | **0.724** | 0.641 | 0.695 |
| 操作因素 | 0.609 | 0.482 | 0.592 | 0.543 | 0.593 | 0.604 | 0.580 | 0.611 | 0.535 | 0.596 |
| 权威因素 | **0.705** | 0.666 | 0.629 | 0.673 | **0.721** | **0.723** | 0.695 | **0.758** | 0.645 | **0.712** |
| 资源因素 | 0.678 | 0.646 | **0.706** | 0.555 | **0.710** | 0.686 | 0.671 | **0.734** | 0.629 | 0.689 |
| 创意因素 | 0.636 | 0.603 | 0.652 | 0.592 | 0.555 | 0.632 | 0.618 | 0.644 | 0.562 | 0.616 |
| 需求因素 | 0.687 | 0.645 | 0.695 | 0.646 | **0.704** | 0.609 | 0.701 | **0.726** | 0.635 | 0.696 |
| 门槛因素 | **0.762** | **0.710** | **0.780** | **0.714** | **0.778** | **0.767** | 0.653 | **0.803** | 0.690 | **0.768** |
| 教育因素 | 0.677 | 0.643 | 0.693 | 0.617 | 0.695 | 0.683 | 0.666 | 0.611 | 0.591 | 0.657 |
| 经验因素 | 0.694 | 0.652 | **0.716** | 0.656 | **0.707** | 0.698 | 0.701 | **0.746** | 0.549 | 0.691 |
| 管理因素 | 0.557 | 0.525 | 0.567 | 0.497 | 0.565 | 0.578 | 0.556 | 0.594 | 0.515 | 0.483 |

计算各个 MIFs 的中心度指标和原因度指标的值，结果如表 11-4 所示。从表 11-4 可看到，中心度值高于中心度值均值的五个因素由高到低依次为：门槛因素、权威因素、教育因素、需求因素和价格因素，门槛因素和权威

因素的中心度值明显高于其他因素的值，是影响企业设计团队选择在线协作工具的最关键的因素。此外，从原因度值情况可见，门槛因素、经验因素的原因度值为正值且其值明显较高，表明主要是它们对其他因素起影响作用。

表 11-4　中心度值和原因度值

| MIFs | 中心度值 | MIFs | 原因度值 |
| --- | --- | --- | --- |
| 门槛因素 | **13.955*** | 门槛因素 | **0.895*** |
| 权威因素 | **13.669*** | 经验因素 | **0.818*** |
| 教育因素 | **13.483*** | 资源因素 | **0.554*** |
| 需求因素 | **13.446*** | 价格因素 | **0.212*** |
| 价格因素 | **13.436*** | 权威因素 | **0.185*** |
| 创意因素 | 12.858 | 需求因素 | **0.044*** |
| 资源因素 | 12.857 | 教育因素 | -0.417 |
| 经验因素 | 12.800 | 操作因素 | -0.486 |
| 管理因素 | 12.041 | 创意因素 | -0.637 |
| 操作因素 | 11.975 | 管理因素 | -1.167 |

## 2. 因果图构建与分析

以中心度值作为横轴，原因度值作为纵轴，绘制出因果图（见图 11-1）。

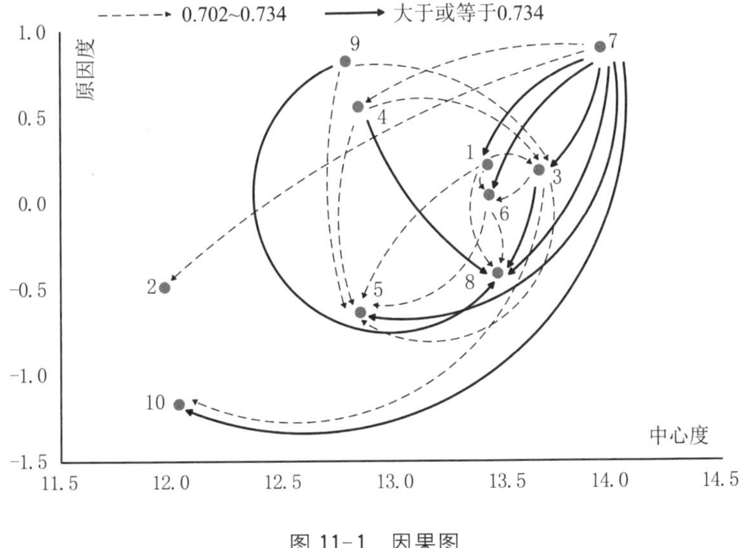


图 11-1　因果图

其中，以门槛值(0.702)和直接/间接关系矩阵中所有超过门槛值的元素值的三分之二位置处(0.734)作为分界条件，以实线表示因素间的强影响关系(0.734及以上)，以虚线表示因素间的较强影响关系(0.702～0.734)。

## 四、结论与对策建议

**1. 原因度与中心度分析**

由表11-4可见，中心度值的前三项分别为门槛因素、权威因素和教育因素，其中，门槛因素的原因度值远高于其他因素，表明门槛因素，即在线协作工具是否专业要求低、对零经验使用者友好，是企业设计团队选择在线协作工具的最为关键的影响因素。

原因度值的前三项分别为门槛因素、经验因素和资源因素，其中，门槛因素的原因度值最大，是影响其他因素的主要因素。

**2. 策略建议**

根据中心度、原因度和因果图分析，本文提出如下建议：

(1) 注重用户教育和行业背景，设计不同等级的协作工具以供不同企业设计团队使用。

由因果图可直观看到，门槛因素处于因果图的最右侧、最上边(中心度值和原因度值均位于第一位)。这表明门槛因素在企业设计团队在线协作工具选择行为问题中具有支配性地位，是影响选择行为的最关键切入点。同时，门槛因素也是影响其他因素的首要因素，并且对价格因素、权威因素、创意因素、需求因素、教育因素、管理因素等均具有强影响作用(见图11-2)。这表明在线协作工具对用户提出的专业要求是否较低，对零经验使用者是否友好，用户对其他因素相关方面的判断和衡量具有强影响作用。

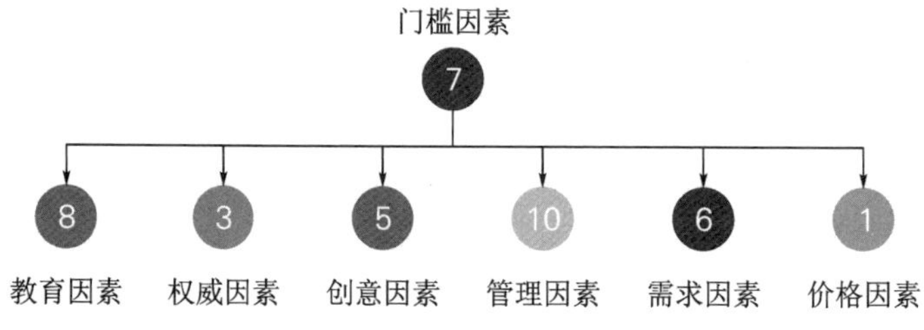


图11-2 门槛因素对其他6个因素的强影响关系

从工具设计的角度而言，要求设计者在设计协作工具的时候注重用户的教育程度、行业内设计经验水平，考量设计中不同阶段的用户需求，从而设计出具有阶段性、针对性的协作工具，以适应不同的设计团队选择和使用。

（2）注重开发在线协作工具的丰富性功能。在线协作工具自身的功能设计上需要有一定的改进，以保障创意的表达。创意因素的原因度值接近最低，因此其是受其他因素影响的一大因素（见图 11-3）。

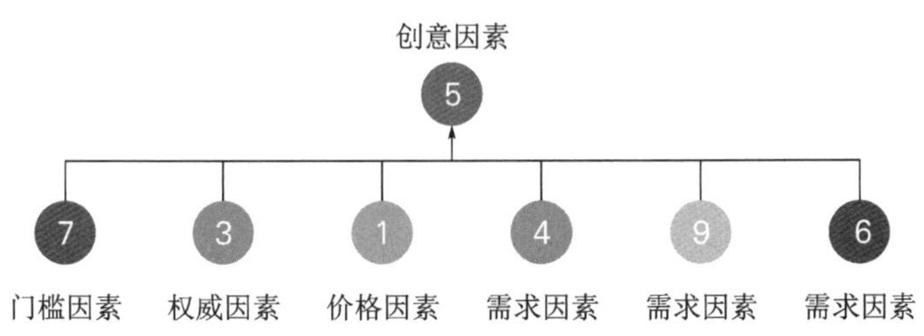


图 11-3　创意因素被影响关系

当企业设计团队面临不同阶段的设计工作时，工具应提供不同的功能以供使用。例如从设计流程的角度出发，在发现问题阶段应通过收集信息、整理要素认识与理解问题；在设计洞察阶段，应利于设计师创建并理解服务的共同语境，通过分类标签以明确不同要素间的功能输出，并借助工具的多维度引导来输出机会点[5]；在着手设计时，协作工具应注重有足够大的画板，能实现自由表达、头脑风暴、整理事务等功能的设计；在项目管理阶段，能便于设计师了解方案进度、共享文件等。

（3）注重价格、权威方面的需求。图 11-4 表达了价格因素、权威因素与需求因素之间形成的相互影响关系，表明在线协作工具需要平衡三者之间的关系。

在工具发展的前期，应注重用户需求的表达和完成，逐渐建立自身的价值点和性价比。在发展、辐射、扩张后，应注重权威的建立，可能涉及与其他平台和软件的协同，帮助企业用户找到设计的桥梁。

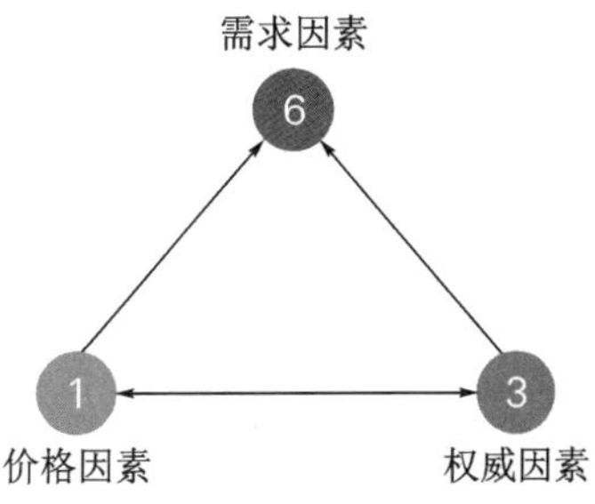


图 11-4　价格因素、权威因素与需求因素之间的影响关系

## 参考文献

[1] 王昭.新工作环境下的团队协作工具交互设计分析[J].设计,2019,32(6):124-127.

[2] Klotzer S, Hardwig T, Boos M. Designing collaborative team work/project work[J]. Gio-Gruppe-Interaktion-Organisation-Zeitschrift fuer Angewandte Organisationspsychologie, 2017,48(4):293-303.

[3] 邓咏强.一种面向中小型制鞋企业在线协作设计平台的设计方法[J].计算机光盘软件与应用,2012,15(15):208-209.

[4] 袁超.浅谈新媒体环境下的产品协作设计[J].生物技术世界,2012(6):131-132.

[5] 姜颖.服务设计协作式系统图工具的设计及应用策略研究[D].无锡:江南大学,2018.

## 第十二章

# 学生设计团队对在线协作工具的选择

## 一、引言

在应对国际关注的突发公共卫生事件、实施“停课不停学”的过程中，世界各地高等院校积极开展线上教学，使用各种远程办公与教学管理工具等互联网平台，帮助学生保持学习状态[1]。远程工具一般主要有即时通信、视频会议、任务管理和文档协作四大功能模块[2]。对设计专业的学生或学生团队，使用如 Zoom 等工具作为主要教学工具时，这些远程工具的功能远远无法满足设计专业学生团队开展在线设计协作工作的需求。设计作为一种创造性活动[3]，常依赖于即时的团队讨论，需要在高强度的思维碰撞中激发设计灵感并产出设计概念。在设计团队的协作中，可视化的设计工具贯穿于整个设计过程，帮助快速展示概念、记录设计灵感、梳理设计思路和评估设计方案。远程工具在视觉通道上的不足，导致设计团队的学生用户在合作中面临创意表达、沟通协作与创新等方面的障碍问题。

目前国内外已开发了一些在线协作工具与平台，可作为设计团队的线上协作工作工具。以国内平台为例，摹客强调设计协作与沟通效率。它提供团队协作平台、原型设计工具和设计资源库，支持从产品经理、设计师到开发工程师的多方远程协同工作，不仅提升设计师的原型设计效率，还有助于轻松管理设计规范，归纳整理、创建，以及导出和分享，又能为设计团队提供全新的在线产品开发模式。国外平台 Miro 则侧重于可视化的设计协作流程。它以画布和白板工具为主体，提供无限大的共享空间和可视化工具，实现团队实时或异步的会议研讨、协同合作与进度管理，同时集成了基于工作流程的常用设计软件，使在线工具具有更高的可扩展性，有助于无缝开展团队设计工作。

本文以学生用户为主要对象，综合考虑设计专业学生人群和设计思维流程的特性，探讨学生设计团队选择在线协作工具的背后的影响机制问题。

## 二、主要影响因素提取

### 1. 基本影响因素整理

根据设计思维模型（共情、定义、创意、原型和测试）与创新理念（强调学生团队、以用户为中心和视觉思维）[4]，基于文献研究、用户访谈、案例分析与头脑风暴等方法，从设计工具、协作方式、应用平台和设计团队等四个维度，整理出学生设计团队选择在线协作工具行为的 23 个基本影响因素（PIFs），如表 12-1 所示。

**表 12-1　基本影响因素**

| 维度 | 序号 | PIFs | 描述 |
|---|---|---|---|
| 设计工具 | 1 | 创意自由度 | 有足够大的画板，可自由表达、头脑风暴、整理事务 |
| | 2 | 元素多样性 | 有丰富多样的内置元素和可嵌入元素，如形状、便签、多媒体、文件 |
| | 3 | 模板丰富 | 可用模板种类多，如思维导图、鱼骨图、用户体验地图等 |
| | 4 | 操作流畅 | 工具、模板符合操作习惯，在线使用流畅 |
| | 5 | 使用门槛低 | 专业要求低，对零经验使用者友好 |
| | 6 | 专业性 | 元素、工具、图表具有专业性，符合设计标准 |
| | 7 | 规范性 | 可定制团队的设计规范、统一管理设计资源 |
| | 8 | 美观性 | 界面、元素、模板外观具有创意、美感 |
| 协作方式 | 9 | 会议功能 | 具备基础的会议功能，如视频、演示、共享、分组讨论等 |
| | 10 | 操作实时性 | 看到每个成员的实时操作和资源的更新状况 |
| | 11 | 沟通多样性 | 有多种沟通方式，如表情、便签、批注、留言、邮件等 |

（续表）

| 维度 | 序号 | PIFs | 描述 |
|---|---|---|---|
| 协作方式 | 12 | 项目管理 | 管理项目进度、安排时间节点，如甘特图、项目评估与评审技术图等 |
| | 13 | 资源管理 | 统一管理、查看、下载各类设计资源和过程文档 |
| | 14 | 团队管理 | 不同角色具有个性化的功能和权限，保证团队合作效率 |
| 应用平台 | 15 | 整合性 | 整合通用、齐全的第三方 App 市场，与其他设计工具互联 |
| | 16 | 安全性 | 保证账户安全、隐私性，防止数据泄露 |
| | 17 | 权威性 | 平台的知名度，合作机构与使用团队的数量、规模 |
| | 18 | 容纳量 | 同时在线协作人数、同时进行的项目数量、可传输文件大小 |
| | 19 | 性价比 | 定价与质量相比的合理性 |
| | 20 | 兼容性 | 支持不同设备、系统、浏览器 |
| 设计团队 | 21 | 需求强度 | 不同使用目的或不同创意阶段对设计工具需求度不同 |
| | 22 | 使用经验 | 线上设计工具的使用经历和操作熟悉度 |
| | 23 | 教育水平 | 专业背景和相关设计水平 |

### 2. 主要影响因素提取

采用因子分析法对 23 个 PIFs 构成的问题空间进行降维处理，以从公因子中所归纳的主要影响因素（MIFs）来简化问题空间。

通过发放问卷进行用户调研，邀请设计专业背景的受访者评判每个 PIFs 对学生设计团队选择在线协作工具行为的影响程度。调研对象为具有设计专业背景或正在设计专业就读的受访者，共收回 53 份有效数据，其中 33 份来自设计专业的在读学生。

使用统计分析软件对这 33 份问卷数据进行因子分析，从结果中提取出 10 个公因子，此时累计贡献率为 81.9%。根据旋转后成分矩阵对对应于一个公因子的 PIFs 及其描述进行分析和归纳，并重新描述为主要影响因素。通过此过程得到 10 个 MIFs，如表 12-2 所示，可将它们划分为三个类别，即设计工具、协作方式及使用团队，如图 12-1 所示。

表 12-2　主要影响因素

| 序号 | MIFs | 描述 | 涉及内容 |
|---|---|---|---|
| 1 | 创意因素 | 有足够大的画板，可自由表达、头脑风暴、整理事务 | 创意自由度 |
| 2 | 元素因素 | 有丰富多样的内置元素，可嵌入元素和模板 | 元素、模板 |
| 3 | 规范因素 | 符合设计标准，可定制设计规范、统一管理设计资源 | 专业性、规范可定制 |
| 4 | 操作因素 | 符合操作习惯，在线使用流畅 | 操作流畅性 |
| 5 | 沟通因素 | 具有会议功能和多种沟通方式，可实时操作、更新资源 | 实时反馈、沟通方式 |
| 6 | 管理因素 | 可管理设计资源、过程文档，管理项目进度、团队 | 资源、项目、团队管理 |
| 7 | 兼容因素 | 可支持不同设备，平台容纳量大，与其他工具互联 | 整合性、兼容性 |
| 8 | 价格因素 | 定价与质量相比的合理性 | 性价比 |
| 9 | 需求因素 | 不同使用目的、创意阶段的依赖度和需求度 | 需求程度 |
| 10 | 经验因素 | 专业背景、设计水平，使用经验和操作熟悉度 | 使用经验、专业水平 |

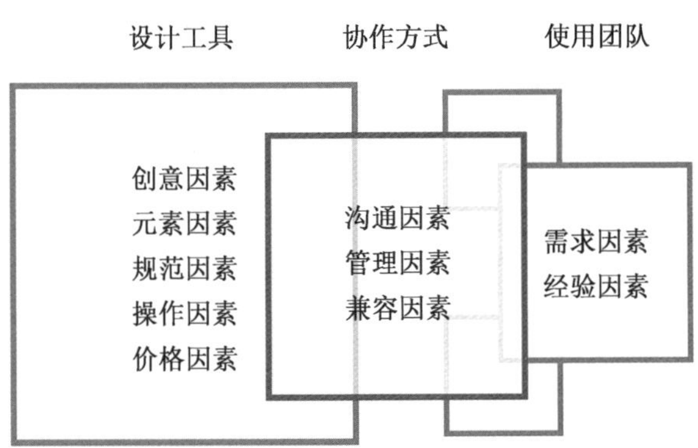


图 12-1　主要影响因素的分类

## 三、关键影响因素及影响机制分析

### 1. 决策实验室法调研与数据分析

以 10 个 MIFs 制作决策实验室法问卷，并再次进行用户调研，邀请设计专业在读学生判断 MIFs 两两之间的影响关系，问卷中以"0"代表无影响，"1"代表轻微影响，"2"代表比较影响，"3"代表非常影响。共收回 50 份数据，经筛选确定其中 41 份为有效数据，将其用于决策实验室法运算和分析。

对有效数据进行整理及平均化和标准化处理，得到的标准化直接关系矩阵如表 12-3 所示。经运算得到直接/间接关系矩阵，如表 12-4 所示。通过四分位数计算，得到门槛值为 1.302，MIFs 之间达到该值大小的影响作用将在后续因果图中加以表达。

**表 12-3 标准化直接关系矩阵**

| 因子 | 1 | 2 | 3 | 4 | 5 | 6 | 7 | 8 | 9 | 10 |
|---|---|---|---|---|---|---|---|---|---|---|
| 1 | 0.000 | 0.103 | 0.071 | 0.109 | 0.094 | 0.096 | 0.119 | 0.095 | 0.103 | 0.092 |
| 2 | 0.108 | 0.000 | 0.101 | 0.129 | 0.099 | 0.099 | 0.105 | 0.105 | 0.106 | 0.118 |
| 3 | 0.119 | 0.101 | 0.000 | 0.103 | 0.126 | 0.104 | 0.106 | 0.100 | 0.105 | 0.077 |
| 4 | 0.103 | 0.088 | 0.126 | 0.000 | 0.109 | 0.104 | 0.124 | 0.097 | 0.105 | 0.100 |
| 5 | 0.117 | 0.086 | 0.101 | 0.083 | 0.000 | 0.086 | 0.148 | 0.105 | 0.090 | 0.086 |
| 6 | 0.111 | 0.103 | 0.108 | 0.111 | 0.103 | 0.000 | 0.108 | 0.098 | 0.069 | 0.105 |
| 7 | 0.091 | 0.088 | 0.088 | 0.089 | 0.091 | 0.119 | 0.000 | 0.119 | 0.097 | 0.089 |
| 8 | 0.084 | 0.089 | 0.108 | 0.103 | 0.108 | 0.108 | 0.118 | 0.000 | 0.102 | 0.084 |
| 9 | 0.106 | 0.099 | 0.112 | 0.093 | 0.084 | 0.116 | 0.118 | 0.092 | 0.000 | 0.115 |
| 10 | 0.122 | 0.093 | 0.098 | 0.103 | 0.094 | 0.137 | 0.127 | 0.111 | 0.115 | 0.000 |

**表 12-4 直接/间接关系矩阵**

| 因子 | 1 | 2 | 3 | 4 | 5 | 6 | 7 | 8 | 9 | 10 |
|---|---|---|---|---|---|---|---|---|---|---|
| 1 | 1.146 | 1.119 | 1.160 | 1.202 | 1.177 | 1.247 | 1.378* | 1.198 | 1.166 | 1.127 |
| 2 | 1.349* | 1.121 | 1.285 | 1.320* | 1.282 | 1.356* | 1.483* | 1.307* | 1.267 | 1.244 |
| 3 | 1.319* | 1.178 | 1.156 | 1.261 | 1.267 | 1.320* | 1.442* | 1.266 | 1.229 | 1.175 |
| 4 | 1.324* | 1.183 | 1.285 | 1.185 | 1.271 | 1.339* | 1.476* | 1.281 | 1.246 | 1.209 |
| 5 | 1.269 | 1.122 | 1.201 | 1.197 | 1.108 | 1.257 | 1.422* | 1.223 | 1.172 | 1.137 |

（续表）

| 因子 | 1 | 2 | 3 | 4 | 5 | 6 | 7 | 8 | 9 | 10 |
|---|---|---|---|---|---|---|---|---|---|---|
| 6 | 1.285 | 1.154 | 1.227 | 1.242 | 1.222 | 1.198 | 1.412* | 1.238 | 1.174 | 1.172 |
| 7 | 1.214 | 1.094 | 1.160 | 1.172 | 1.161 | 1.250 | 1.254 | 1.203 | 1.146 | 1.110 |
| 8 | 1.246 | 1.128 | 1.211 | 1.218 | 1.209 | 1.278 | 1.401* | 1.132 | 1.184 | 1.139 |
| 9 | 1.305* | 1.173 | 1.253 | 1.249 | 1.229 | 1.327* | 1.445* | 1.255 | 1.130 | 1.202 |
| 10 | 1.391* | 1.233 | 1.311* | 1.328* | 1.306* | 1.418* | 1.535* | 1.342* | 1.301 | 1.166 |

注：* 代表数值大于阈值 1.302。

计算各个 MIFs 的中心度值和原因度值并分别排序，结果如表 12-5 所示。从中心度值高于平均值的四个因素（即兼容因素、管理因素、操作因素和经验因素）来看，它们是学生设计团队选择在线协作工具的关键影响因素。从原因度值来看，有五个因素总体上是影响其他因素的因素，其中，经验因素和元素因素（尤其是经验因素）的原因度值明显高于其他因素的原因度值，是对其他因素施加最大影响的主要影响因素。

**表 12-5　中心度值与原因度值**

| 因子 | MIFs | 中心度值 | 因子 | MIFs | 原因度值 |
|---|---|---|---|---|---|
| 7 | 兼容因素 | 26.010* | 10 | 经验因素 | 1.65 |
| 6 | 管理因素 | 25.313* | 2 | 元素因素 | 1.511 |
| 4 | 操作因素 | 25.172* | 9 | 需求因素 | 0.554 |
| 10 | 经验因素 | 25.014* | 4 | 操作因素 | 0.425 |
| 3 | 规范因素 | 24.860 | 3 | 规范因素 | 0.361 |
| 1 | 创意因素 | 24.768 | 5 | 沟通因素 | −0.124 |
| 8 | 价格因素 | 24.590 | 8 | 价格因素 | −0.298 |
| 9 | 需求因素 | 24.585 | 6 | 管理因素 | −0.666 |
| 2 | 元素因素 | 24.520 | 1 | 创意因素 | −0.928 |
| 5 | 沟通因素 | 24.339 | 7 | 兼容因素 | −2.484 |

注：* 代表中心度值大于所有 MIFs 中心度值的平均值（24.917）。

### 2. 因果图构建

根据决策实验室法分析结果，绘制因果图。只有两两影响强度高于门槛值(1.302)的影响关系才会在因果图中加以表达。找到高于门槛值的所有值的三分之二处，其值为 1.401，高于此值的影响强度视作强影响。最终绘制的因果图如图 12-2 所示，其中横轴为中心度、纵轴为原因度，实线表示强影响关系(影响强度等于或大于 1.401)，虚线表示较强的影响关系(影响强度在 1.302 至 1.401 之间)。例如，因素 10(经验因素)对因素 7(兼容因素)有强影响关系，表明若想提高在线协作工具与平台的兼容性，需要充分考虑不同的学生设计团队对工具的使用经验和操作熟悉度，以此定制该平台的容纳量、与其他设计工具的互联性和使用设备、系统、浏览器等的兼容性，以适应学生用户在线设计创新与团队沟通协作的需求。

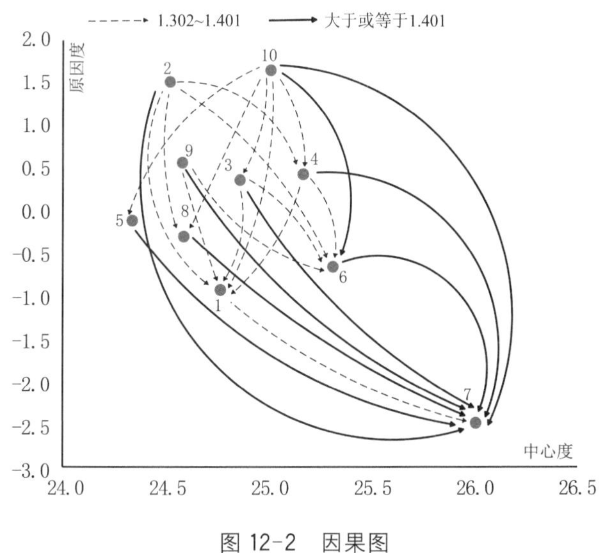


图 12-2 因果图

## 四、结论与对策建议

### 1. 原因度与中心度分析

由中心度值与原因度值的前三项(见表 12-6)可见，对于学生设计团队在线协作工具的选择行为问题而言，最重要的影响因素是兼容因素、管理因素和操作因素，其中兼容因素的中心度值排在首位并且明显高于其他因素的值。这表明当学生团队选择在线协作工具进行设计协作时，协作工具与其他常用工具之间的诸如互联性、容纳性等兼容性特性，是影响选择行为的支配性方面。

表 12-6　中心度值与原因度值前三项

| 中心度值的前三项 | 原因度值的前三项 |
| --- | --- |
| 兼容因素 | 经验因素 |
| 管理因素 | 元素因素 |
| 操作因素 | 需求因素 |

原因度值的前三项是经验因素、元素因素和需求因素，其中经验因素和元素因素的原因度值显著高于其他因素的值。经验因素与需求因素都在使用团队维度下，说明学生设计团队自身专业经验、使用经验与阶段性需求会影响其他因素。元素因素描述的“有丰富多样的内置元素、可嵌入元素和模板”内容，对其他因素影响也较为突出。

**2. 因果图分析与建议**

由因果图可见，使用团队维度下的因素更影响其他因素，学生设计团队的专业背景、使用经验及阶段性需求，尤其影响对在线协作工具兼容性的要求。另外，协作方式维度下的因素更受到设计工具维度下因素的影响。若要为学生设计团队提供合适的在线协作工具，最易入手的点，也是目前在线协作工具最亟待解决的三个问题是设计创意初期的可操作性，设计协作中后期的可管理性，以及贯穿全流程的工具兼容性。

根据上述分析，本文提出如下几个建议：

(1) 提高在线协作工具的可操作性，以帮助用户在创意初期开展设计创新。元素因素和经验因素是影响其他因素的主要因素，使用团队的经验和设计工具的元素多样性都将影响设计创意阶段的质量，进而影响后续设计展开，包括设计中期的团队进度管理及设计后期与其他工具兼容的原型制作与实践。

创意因素受到多种因素较强或很强的直接和间接影响(见图 12-3)。从设计思维流程的初期即创意阶段入手,应充分考虑学生团队的经验水平与其线上线下的设计工具使用经历,在线上设计工具中充分考虑工具操作方式是否符合用户习惯、在线使用时是否具有流畅性,本文建议可在创意阶段扩大白板空间、使用便签等常用的工作坊工具进行表达,引入鼠标拖拽和图形绘制动作识别等更简单的交互方式,以降低创意表达的门槛;也可在平台中置入更多规范性元素和模板,以利于加强设计创意的可视化表达、减少因使用经验不足而导致的停滞,进而帮助用户将更多时间投入创新活动,例如在创意讨论时加入的元素,形状、线条、便签和图表等,以及在前期梳理时加入的模板、思维导图、鱼骨图、共情图和用户体验地图等。

(2) 协助学生团队进行项目管理,优化在线设计协作流程。相比于线下沟通,线上协作可能在一定程度上导致沟通不足。对于学生设计团队而言,管理因素也成为学生设计团队选择在线协作工具的关键影响因素,而它又受到经验因素的强影响及阶段性需求因素等的较强影响(见图 12-4)。对于供学生用户使用的在线协作工具,应充分考虑到学生用户有别于企业用户的需求与经验[5]。

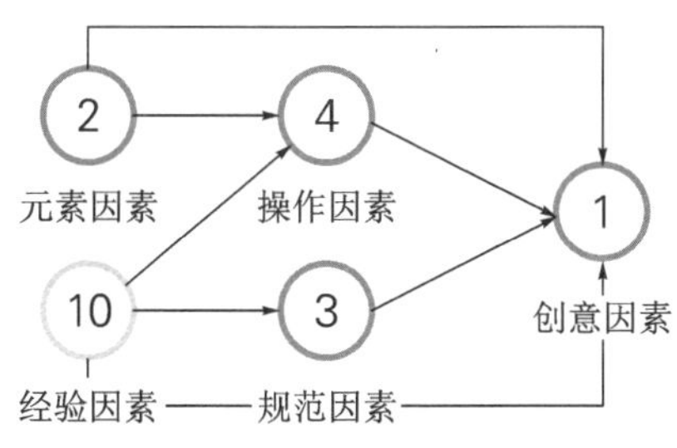


图 12-3　创意因素的部分影响关系

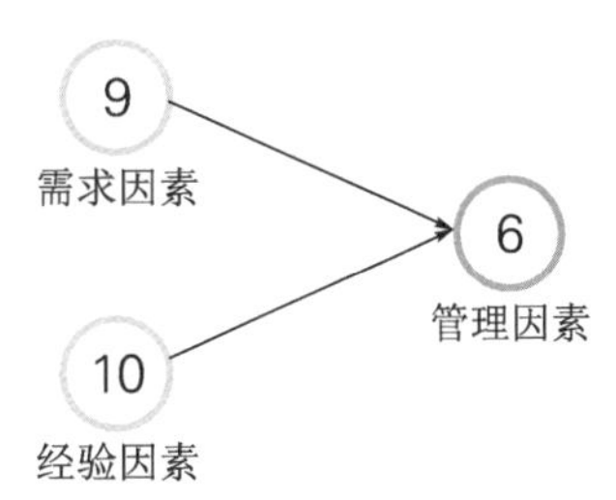


图 12-4　管理因素的部分影响关系

不同于企业用户在各部门或岗位之间的沟通需求和更明确的角色分配,学生用户侧重对不同设计阶段的资源与文档的统一管理。目前网络协作学习工具的交互设计无法很好地解决协作过程中信息低度共享的问题[6],因此应促进深度交互以提高信息管理与共享,帮助学生团队及时了解项目进度,安排时间节点,积极展开设计工作。

(3) 与设计流程无缝衔接,提高工具平台的兼容性。兼容因素是中心度值最高的因素,同时又受到其他几乎所有因素的强影响(仅来自创意因素的影响强度为较强)(见图 12-5)。可见兼容性是一个亟待解决又具有复杂性的问题。它反映出了目前市场上大多数在线设计协作工具面临的一个共同挑战,即与设计流程的衔接程度和与其他设计工具的兼容程度。线上协作工具虽然具有应用方面的诸多特性和优势,但面对面的设计协作又有着线上工具无可替代的优势。在线协作设计工具想要继续维持用户黏度,提高留存率与转化率,就需要与设计流程进行无缝化的衔接,提高兼容性。

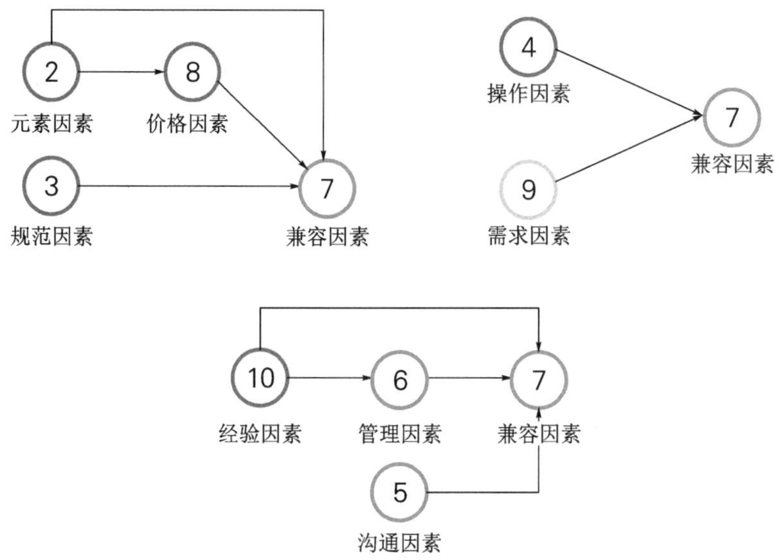


图 12-5　兼容因素的部分影响关系

从元素因素入手,设计工具应增加更多可嵌入的外部元素,如多媒体、文件和网页等,不局限于内置元素,从创意初期进行融合,提高兼容性。相对应地实现费用透明化,明确不同元素丰富度带来的合理价位标准,为设计团队提供更丰富可靠的选择。同时保持规范性,确保不因设计标准等问题降低该工具平台在设计流程中的可用性。

从学生用户需求入手,一个在线设计工具应充分考虑学生用户出于不同的使用目的或在不同的创意阶段对设计工具的依赖度和需求度,并与其他常用的设计工具、软件或平台展开积极合作，在交互方式上也可沿用其他设计工具的功能，以此更符合学生用户的既有操作习惯，从而以更无缝化的方式提高工具和平台的兼容性。

从管理因素入手，学生团队由于在线协作机会较少，其使用经验仍作为主导因素影响着对平台兼容性的要求，因此需要减少对设计工具本身交流功能的依赖性，增加沟通方式和反馈渠道的多样性。可与在线会议工具合作，使设计工具具备基础会议功能，如文字、语音、视频、演示、共享、分组讨论等，也可设计延时反馈，如采用表情、便签、批注、留言、邮件等功能，与其他社交工具互联。

在“互联网 + ”时代，设计工具也可充分利用 5G 网络的超低反应时延[7]，保证可靠性连接，观察成员的实时操作和资源的实时更新状况，帮助学生团队用户开展更高效的在线设计协作。

## 参考文献


[1] 王东东，王怀波，张伟，等.“停课不停学”时期的在线教学研究：基于全国范围内的 33 240 份网络问卷调研[J].现代教育技术，2020(3)：12-18.

[2] 光贤.2020 远程办公/云办公分类排行榜[J].互联网周刊，2020(4)：12-13.

[3] 尹碧菊，李彦，熊艳，等.设计思维研究现状及发展趋势[J].计算机集成制造系统，2013(6)：1165-1176.

[4] 廖祥忠，姜浩，税琳琳.设计思维：跨学科的学生团队合作创新[J].现代传播(中国传媒大学学报)，2011(5)：127-130.

[5] 王秀凤.基于需求管理的远程学习支持服务优化策略[J].中国电化教育，2019(2)：103-109.

[6] 王琦，巴安妮.基于问题解决的协作学习工具设计策略[J].亚太教育，2019(1)：44-45.

[7] 刘京，李阳，时博涵.5G 时代下的新远程移动办公场景需求与支撑技术[J].信息安全研究，2020，6(4)：350-353.

# 第三篇

## 用户体验的影响机制与对策

第十三章

# 新闻类 App 界面可用性的用户满意度

## 一、引言

新闻资讯类产品广受人们的青睐，它覆盖了不同年龄、知识背景、阶层的受众[1]；传播形式主要以文字、图像、图表为主。用户与新闻信息之间传播的载体是界面，信息传递表达的准确性要通过界面来实现。其中信息可视化设计起着至关重要的作用，界面中的图元关系包括色彩、图标、文字等元素在信息可视化设计中的关系，通过这些要素将数据、文字信息转换为能够被用户所直观识别的信息，营造一个清晰、流畅且美观的界面风格，促进信息传达的有效性和准确性[2]。

用户在使用新闻类 App 的过程中对界面可用性的满意度，是一个值得探究的问题。本文主要参考有关文献[3-7]，从 4 个维度去探讨新闻类 App 产品的可用性，这 4 个维度分别是界面的视觉元素、图文构建、信息架构、新闻内容。4 个维度及其基本影响因素为：①视觉元素，包括文字、图像、色彩、图标；②图文构建，包括配图尺寸、图文布局、新闻内容切换方式；③信息架构，包括界面熟悉性、界面简洁性、界面清晰性；④新闻内容，包括时新性、重要性、接近性。基本影响因素（PIFs）及其涉及的内容描述，如表 13-1 所示。

表 13-1　新闻类 App 界面可用性的用户满意度的基本影响因素

| 维度 | 序号 | PIFs | 描述 |
| --- | --- | --- | --- |
| 视觉元素 | 1 | 文字 | 文字内容，包括文字视觉层级、字体形式、大小、间距等 |
| | 2 | 图像 | 动态、静态图片，短视频及其吸引力 |
| | 3 | 色彩 | 单色或多色、暖色调或冷色调 |
| | 4 | 图标 | 界面中的图标表意直接明确度，样式美观度 |
| 图文构建 | 5 | 配图尺寸 | 指 banner 配图、视频窗口/中图、新闻小图的尺寸大小 |
| | 6 | 图文布局 | 主要研究新闻中的 banner 和文字的布局，归纳为左文右图、左图右文、上图下文和上文下图 4 种形式 |
| | 7 | 新闻内容切换方式 | 主要分为上下滑动、左右滑动 |
| 信息架构 | 8 | 界面熟悉性 | 用户对信息架构是否熟悉，是否能够较为轻松灵活地入手使用 |
| | 9 | 界面简洁性 | 集中归纳信息，可以提供更多的信息展示空间，并且整体会给用户整洁感 |
| | 10 | 界面清晰性 | 界面中的信息是否清晰可见 |
| 新闻内容 | 11 | 新闻内容时新性 | 客观事实发生的接近性、事实内容的新鲜性 |
| | 12 | 新闻内容重要性 | 与人们利益的相关性，事实在客观上对受众和社会的影响程度 |
| | 13 | 新闻内容接近性 | 发生于人周边的新闻 |

## 二、关键影响因素研究

### 1. 决策实验室法用户调研与数据分析

本文以上述 13 个 PIFs 制作决策实验室法问卷进行用户调研，邀请受访者对任意两个 PIFs 之间的影响关系做出评判。问卷中量表分为 4 阶，分别为“无影响（0 分）”“低度影响（1 分）”“中度影响（2 分）”“高度影响（3 分）”。共收到 30 份有效问卷。

对问卷数据进行平均化、标准化处理。标准化直接关系矩阵结果如表13-2所示。

**表 13-2 标准化直接关系矩阵**

| 因子 | 1 | 2 | 3 | 4 | 5 | 6 | 7 | 8 | 9 | 10 | 11 | 12 | 13 |
|---|---|---|---|---|---|---|---|---|---|---|---|---|---|
| **1** | 0.00 | 1.37 | 1.30 | 1.30 | 1.57 | 2.10 | 1.63 | 1.62 | 2.00 | 2.14 | 2.03 | 2.21 | 1.86 |
| **2** | 1.76 | 0.00 | 2.03 | 1.97 | 2.07 | 2.38 | 1.62 | 1.59 | 1.93 | 2.17 | 1.83 | 2.00 | 2.07 |
| **3** | 1.31 | 2.10 | 0.00 | 2.07 | 1.14 | 1.66 | 1.24 | 1.55 | 1.79 | 2.03 | 1.41 | 1.48 | 1.21 |
| **4** | 1.34 | 1.72 | 1.62 | 0.00 | 1.48 | 1.69 | 1.79 | 1.93 | 1.93 | 2.07 | 1.31 | 1.66 | 1.31 |
| **5** | 1.97 | 2.21 | 1.24 | 1.34 | 0.00 | 2.31 | 1.83 | 1.55 | 1.97 | 2.03 | 1.66 | 1.76 | 1.45 |
| **6** | 2.28 | 2.28 | 1.38 | 1.62 | 2.17 | 0.00 | 2.07 | 1.90 | 2.07 | 2.28 | 1.34 | 1.48 | 1.38 |
| **7** | 1.53 | 1.72 | 1.03 | 1.55 | 1.83 | 2.00 | 0.00 | 1.79 | 1.66 | 1.72 | 1.31 | 1.34 | 1.21 |
| **8** | 1.66 | 1.37 | 1.55 | 1.55 | 1.72 | 2.03 | 1.90 | 0.00 | 1.86 | 1.86 | 1.24 | 1.41 | 1.45 |
| **9** | 2.14 | 2.28 | 1.73 | 1.76 | 2.03 | 2.41 | 1.86 | 2.14 | 0.00 | 2.31 | 1.41 | 1.45 | 1.41 |
| **10** | 2.07 | 2.17 | 1.76 | 1.67 | 1.97 | 2.34 | 1.86 | 1.93 | 2.17 | 0.00 | 1.72 | 1.86 | 1.66 |
| **11** | 1.90 | 2.03 | 1.62 | 1.45 | 1.47 | 1.69 | 1.31 | 1.34 | 1.24 | 1.66 | 0.00 | 2.10 | 1.90 |
| **12** | 2.31 | 2.14 | 1.93 | 1.34 | 2.10 | 2.00 | 1.32 | 1.41 | 1.34 | 1.79 | 2.21 | 0.00 | 1.83 |
| **13** | 1.83 | 1.79 | 1.45 | 1.07 | 1.52 | 1.72 | 1.53 | 1.52 | 1.72 | 1.62 | 1.86 | 2.07 | 0.00 |

通过决策实验室法矩阵运算，得到直接/间接关系矩阵结果，如表13-3所示。求取该矩阵所有元素值的四分位数作为门槛值(0.74)。由于"因素3：色彩""因素7：新闻内容切换方式"两个因素对应的行、列元素值都同时未达到门槛值，因此后续讨论中不再考虑这两个因素。

**表 13-3 直接/间接关系矩阵**

| 因子 | 1 | 2 | 3 | 4 | 5 | 6 | 7 | 8 | 9 | 10 | 11 | 12 | 13 |
|---|---|---|---|---|---|---|---|---|---|---|---|---|---|
| **1** | 0.67 | **0.75** | | 0.62 | 0.70 | **0.81** | | 0.67 | 0.73 | **0.79** | 0.66 | 0.71 | 0.64 |
| **2** | **0.80** | **0.76** | | 0.70 | **0.78** | **0.89** | | 0.73 | 0.79 | **0.86** | 0.71 | **0.76** | 0.70 |
| **3** | | | | | | | | | | | | | |

（续表）

| 因子 | 1 | 2 | 3 | 4 | 5 | 6 | 7 | 8 | 9 | 10 | 11 | 12 | 13 |
|---|---|---|---|---|---|---|---|---|---|---|---|---|---|
| **4** | 0.68 | 0.72 | | 0.53 | 0.66 | **0.75** | | 0.65 | 0.69 | **0.75** | 0.60 | 0.65 | 0.59 |
| **5** | 0.75 | **0.79** | | 0.63 | 0.65 | **0.83** | | 0.68 | 0.74 | **0.80** | 0.66 | 0.70 | 0.63 |
| **6** | 0.79 | **0.82** | | 0.66 | **0.76** | **0.76** | | 0.72 | **0.77** | **0.83** | 0.67 | 0.72 | 0.65 |
| **7** | | | | | | | | | | | | | |
| **8** | 0.68 | 0.70 | | 0.59 | 0.66 | **0.76** | | 0.57 | 0.68 | 0.73 | 0.59 | 0.64 | 0.59 |
| **9** | **0.80** | **0.84** | | 0.68 | **0.77** | **0.88** | | 0.74 | 0.71 | **0.85** | 0.69 | 0.73 | 0.67 |
| **10** | **0.81** | **0.84** | | 0.68 | **0.77** | **0.88** | | 0.74 | **0.80** | **0.77** | 0.70 | **0.75** | 0.68 |
| **11** | 0.70 | 0.73 | | 0.59 | 0.65 | **0.75** | | 0.62 | 0.66 | 0.73 | 0.55 | 0.67 | 0.61 |
| **12** | **0.77** | **0.79** | | 0.63 | 0.73 | **0.82** | | 0.67 | 0.72 | **0.79** | 0.69 | 0.64 | 0.65 |
| **13** | 0.69 | 0.72 | | 0.57 | 0.66 | **0.75** | | 0.63 | 0.68 | 0.73 | 0.62 | 0.67 | 0.53 |

注：粗体表示数值大于门槛值(0.74)，空白表示行与列元素值均未大于门槛值。

此外，计算中心度(D+R)的值、原因度(D−R)的值，结果如表13-4所示。

**表13-4　中心度值与原因度值**

| 因素 | 中心度值 | 因素 | 原因度值 |
|---|---|---|---|
| 因素10 | **19.90** | 因素6 | 0.83 |
| 因素6 | **19.83** | 因素7 | 0.51 |
| 因素2 | **19.76** | 因素1 | 0.42 |
| 因素9 | **19.04** | 因素8 | 0.28 |
| 因素1 | **18.48** | 因素10 | 0.20 |
| 因素5 | **18.20** | 因素5 | −0.09 |
| 因素12 | **18.14** | 因素2 | −0.09 |
| 因素8 | 17.09 | 因素11 | −0.15 |
| 因素11 | 16.76 | 因素3 | −0.18 |

（续表）

| 因素 | 中心度值 | 因素 | 原因度值 |
|---|---|---|---|
| 因素 7 | 16.66 | 因素 12 | −0.38 |
| 因素 4 | 16.56 | 因素 13 | −0.39 |
| 因素 13 | 16.53 | 因素 4 | −0.48 |
| 因素 3 | 16.22 | 因素 9 | −0.50 |

注：粗体表示数值大于所有中心度值的平均值(17.94)；浅灰色表示直接/间接关系矩阵行与列的值均未大于门槛值(0.74)的因素。

中心度值大于中心度平均值(17.94)的因素为："因素 10：界面清晰性""因素 6：图文布局""因素 2：图像""因素 9：界面简洁性""因素 1：文字""因素 5：配图尺寸""因素 12：新闻内容重要性"。

"因素 6：图文布局"的原因度值为正且明显高于其他因素。"因素 9：界面简洁性"的原因度值为负且绝对值最大。

表 13-5、表 13-6 分别列出了中心度值和原因度值的前三项与后三项。

**表 13-5　中心度值的前三项与后三项**

| 中心度值前三项 | 中心度值后三项 |
|---|---|
| 因素 10：界面清晰性 | 因素 4：图标 |
| 因素 6：图文布局 | 因素 13：新闻内容接近性 |
| 因素 2：图像 | 因素 3：色彩 |

**表 13-6　原因度值的前三项与后三项**

| 原因度值前三项 | 原因度值后三项 |
|---|---|
| 因素 6：图文布局 | 因素 13：新闻内容接近性 |
| 因素 1：文字 | 因素 4：图标 |
| 因素 8：界面熟悉性 | 因素 9：界面简洁性 |

### 2. 因果图构建与分析

根据直接/间接关系矩阵信息和因素的中心度值、原因度值，以中心度为横坐标、原因度为纵坐标绘制出因果图，如图 13-1 所示。

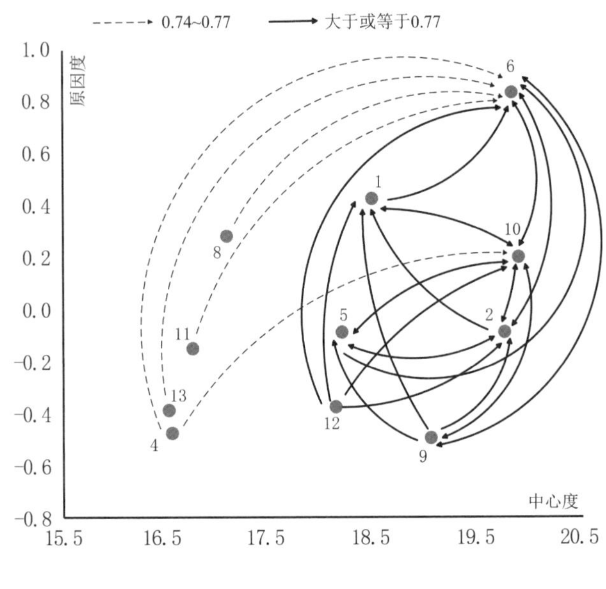


图 13-1 因果图

因果图中，箭头表示一个因素影响另一个因素的方向，实线表示强影响关系(数值大于 0.77)，虚线表示较强影响关系(数值在门槛值 0.74 与 0.77 之间)。

结合直接/间接关系矩阵、因果图和表 13-5、表 13-6 信息，分析如下。

(1)“界面清晰性”“图文布局”“图像”三个因素的中心度值排名前三，是用户满意度的关键影响因素。因素“界面清晰性”的中心度值最大，可见新闻类 App 界面设计的清晰性是影响用户满意度的至关重要的因素。因此在进行新闻类 App 设计时，要着重考虑界面清晰性的问题。“图像”“图文布局”对其有强影响；同时“图像”与“图文布局”相互之间有强影响，“界面清晰性”对“图文布局”“图像”也有强影响。可见中心度值居前的三个因素之间有很强的、较复杂的相互影响作用。因此，可以结合其他因素，寻找提高界面清晰性的设计着重点，进而提高用户对界面可用性的满意度；界面清晰性的提升，也可以辅助其他因素的完善和发展。除此以外，优化图文布局及搭配合理且优质的图像，有利于提高整体界面的可用性，减少用户在视觉认知层面的困扰，给用户一个良好的体验。

（2）“新闻内容接近性”“图标”“界面简洁性”为中心度值排名的后三名，表明它们对界面可用性的用户满意度的影响相对较小。

（3）原因度值（正值）排名前三的是“图文布局”“文字”“界面熟悉性”，它们分别对其他因素有较大的影响。而原因度值（负值）排名前三的是“新闻内容接近性”“图标”“界面简洁性”，它们分别更受其他因素的影响。“图像”“界面清晰性”均对“文字”有强影响，“文字”对“图文布局”有强影响，并且“文字”因素中心度值排名较为靠前，由此可见，文字内容的呈现方式对新闻类 App 界面可用性的用户满意度也是很重要的方面。

（4）由因果图可知，除了“界面清晰性”对“文字”的强影响关系之外，其余的关联线条可以组成如图 13-2 所示的二级关联图，从中可见这 4 个因子是有紧密关联性的：“图像”和“图文布局”可直接影响“文字”，也可以先对“界面清晰性”造成较强影响，进而再强影响文字的排版方式。由此说明，对于新闻类 App 界面可用性设计，可从界面中的图像选取及图文布局两方面着手，更多地考虑图、文之间的相互影响关系，优化文字内容的排版方式。

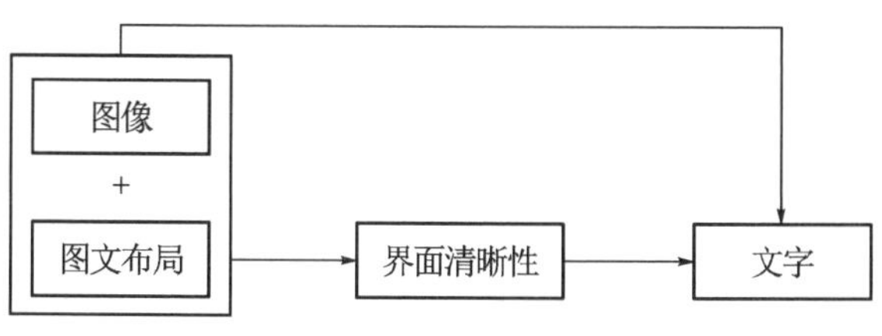


图 13-2　强影响中的二级关联图

## 三、讨论与建议

（1）“界面清晰性”是新闻类 App 界面可用性的用户满意度的最关键影响因素。正如前面的分析，“界面清晰性”因素与视觉元素维度下的因素有着密切的关联。这说明用户认为界面清晰性的达成离不开文字、图像、图标等视觉要素的作用。

(2)“新闻内容接近性”在原因度值上是后三项因素之一，它总体上受其他因素的影响。但其他因素对它的影响强度都没有达到门槛值；它也仅对“图文布局”有较强影响。可见该因素也接近于像“色彩”“新闻内容切换方式”那样可被忽略不计。

(3) 本文研究结果显示，原先预估会具有较大影响的新闻内容的时新性、接近性，并未与其他因素之间产生强影响关系。但作为新闻类 App 产品的重要内容属性，它们对界面可用性设计的优化确实起到作用。思考其原因，大概是决策实验室法更多的是探究各个因素之间的关联，而新闻内容的时新性与接近性更多的是一种结果，是基于其他设计层面的因素相互协作而最终呈现给用户，因此会缺少与设计细节因素的关联。基于本文的结论，建议加强“界面清晰性”“图像”“图文布局”与“文字”之间的关系，在设计时处理好文字与图像的关系，只有两者协调才能使得界面整体清晰，进而提升界面可用性的用户满意度。

(4) 还有一个建议是在问卷设计部分，应考虑尽量缩减因素，在每个维度筛选出重要且具有代表性的因素。在因素相应的文字描述方面，应简明扼要，减少用户的记忆负担，呈现形式以图文结合为好。

## 参考文献

[1] 许梦雅，叶枫. 论科技新闻在突发公共卫生事件中的传播功效[J]. 安徽科技，2020(5)：30-31.

[2] 杨勤，刘仁君. 基于用户特性的淘宝直播界面设计研究[J]. 包装工程，2020，41(8)：219-222.

[3] 袁浩，胡士磊，徐彦，等. 运动类 App 的信息可视化界面设计研究[J]. 包装工程，2020，41(18)：236-241.

[4] 唐佩璐，李娟. 基于眼动视觉跟踪技术的新闻类 App 界面可用性研究[J]. 包装工程，2019，40(14)：247-252.

[5] Brejcha J, Li H, Xu Q, et al. Chinese UI design guidelines 2.0[J]. Lecture Notes in Computer Science, 2015,9186(1): 122-129.

[6] Adams R, Wood E F, Ohlsen S. Eye movement desensitization and reprocessing

(EMDR) for the treatment of psychosis: a systematic review[J]. [2023-08-18]. DOI: 10.1080/20008198.2019.1711349.

[7] Carter A S, Hundhausen C D. How is user interface prototyping really done in practice? A survey of user interface designers[C]. Leganes: IEEE, 2010.

第十四章

# 消费者对生鲜平台服务的满意度

## 一、引言

生鲜行业一直在人们生活中扮演着不可或缺的角色。线上与线下生鲜行业服务更加深入地融合，消费者在生鲜平台购物的需求越来越多。消费者是否满意生鲜平台的服务、商家及其产品，对生鲜平台的长久发展具有重要影响。

有研究认为平台供应商的信誉会影响消费者的购买决策[1]，生鲜平台时间成本和运输成本都是消费者的考虑因素[2]。生鲜产品因其特殊性影响着整个生鲜平台的服务流程。具有竞争力的价格可能会成为消费者购买生鲜食品的动机，同时产品本身的来源及新鲜程度都十分重要[1]。消费者作为服务的获得者，其本身特点也至关重要，例如消费者对品牌的忠诚度会影响他们的消费选择[3]，他们对生鲜平台购物的态度和看法也是影响他们购物的重要因素[4]。

研究消费者对生鲜平台满意度的影响因素[5,6]，可有助于洞悉消费者的喜好，更好地完善生鲜平台的服务系统，提高生鲜平台购物行业的服务水平。

## 二、关键影响因素分析

### 1. 基本影响因素整理

本文通过前期的用户访谈和文献研究，整理出 3 个维度下的 15 个基本影响因素(PIFs),分别为:①价格因素;②品质因素;③安全因素;④信息因素;⑤包装因素;⑥品牌因素;⑦运费因素;⑧时间因素;⑨宣传因素;⑩管理因素;⑪消杀因素;⑫信任因素;⑬态度因素;⑭心理因素;⑮收入因素。具体描述如表 14-1 所示。

表 14-1　基本影响因素及其描述

| 维度 | 序号 | PIFs | 描述 |
|---|---|---|---|
| 产品方面 | 1 | 价格因素 | 产品价格 |
| | 2 | 品质因素 | 新鲜程度、外表观感等 |
| | 3 | 安全因素 | 食品安全、官方质量检疫等 |
| | 4 | 信息因素 | 商家产品描述、评论评价等 |
| | 5 | 包装因素 | 美观程度、保护产品等 |
| **平台方面** | **6** | **品牌因素** | 平台影响力、平台信誉等 |
| | **7** | **运费因素** | 配送费用 |
| | **8** | **时间因素** | 配送时间、交付速度等 |
| | **9** | **宣传因素** | 网站设计、App 设计、营销策略等 |
| | **10** | **管理因素** | 流程合理、服务完善、售前售后保证等 |
| | **11** | **消杀因素** | 产品消毒杀菌、流程无污染无感染等 |
| 消费者方面 | 12 | 信任因素 | 品牌忠诚度、信赖平台服务等 |
| | 13 | 态度因素 | 对生鲜平台的态度和看法、接受程度等 |
| | 14 | 心理因素 | 疫情下个人心理、情绪的变化等(比如恐慌……) |
| | 15 | 收入因素 | 收入水平 |

**2. 决策实验室法用户调研与数据分析**

根据上述 15 个基本影响因素制成决策实验室法问卷进行用户调研,邀请受访者探究因素两两之间的影响关系。问卷中将影响关系设定为 4 个级别,其中"0"代表不影响,"1"代表有点影响,"2"代表比较影响,"3"代表十分影响。

经筛选,最终得到 25 份有效问卷。处理得到的平均化直接关系矩阵如表 14-2 所示。经标准化处理,运算得到的直接/间接关系矩阵如表 14-3 所示。

表 14-2 平均化直接关系矩阵

| 因子 | 1 | 2 | 3 | 4 | 5 | 6 | 7 | 8 | 9 | 10 | 11 | 12 | 13 | 14 | 15 |
|---|---|---|---|---|---|---|---|---|---|---|---|---|---|---|---|
| 1 | 0.000 | 2.000 | 1.600 | 1.320 | 2.040 | 1.880 | 1.680 | 1.520 | 1.720 | 1.680 | 1.720 | 1.760 | 1.880 | 1.360 | 1.720 |
| 2 | 2.440 | 0.000 | 2.040 | 1.600 | 1.600 | 2.200 | 1.520 | 1.640 | 1.200 | 1.760 | 2.000 | 2.080 | 2.080 | 1.640 | 1.160 |
| 3 | 2.000 | 2.120 | 0.000 | 1.640 | 1.480 | 2.160 | 1.280 | 1.240 | 1.160 | 1.840 | 2.400 | 2.160 | 2.160 | 2.080 | 1.040 |
| 4 | 1.680 | 1.200 | 1.360 | 0.000 | 1.320 | 1.960 | 0.800 | 0.840 | 1.800 | 1.320 | 1.040 | 1.960 | 1.920 | 1.720 | 0.880 |
| 5 | 2.040 | 1.840 | 1.640 | 1.680 | 0.000 | 1.960 | 1.600 | 1.120 | 1.760 | 1.200 | 1.320 | 1.560 | 1.760 | 1.680 | 1.040 |
| 6 | 2.160 | 1.960 | 1.760 | 1.680 | 1.680 | 0.000 | 1.360 | 1.360 | 2.000 | 1.920 | 1.720 | 2.240 | 1.960 | 1.800 | 1.200 |
| 7 | 1.560 | 1.400 | 0.920 | 1.000 | 1.560 | 1.440 | 0.000 | 1.840 | 0.720 | 1.280 | 1.080 | 1.280 | 1.720 | 1.080 | 1.240 |
| 8 | 1.280 | 1.760 | 1.240 | 1.160 | 0.840 | 1.360 | 1.920 | 0.000 | 0.720 | 1.560 | 0.880 | 1.680 | 1.760 | 1.240 | 0.640 |
| 9 | 1.720 | 1.200 | 0.840 | 1.920 | 1.240 | 2.160 | 0.560 | 0.560 | 0.000 | 1.440 | 0.920 | 1.680 | 1.880 | 1.640 | 0.800 |
| 10 | 1.760 | 1.880 | 1.920 | 1.720 | 1.240 | 2.200 | 1.280 | 1.640 | 1.480 | 0.000 | 1.920 | 2.040 | 2.040 | 1.560 | 0.760 |
| 11 | 1.920 | 1.840 | 2.480 | 1.320 | 1.600 | 1.800 | 1.120 | 1.240 | 1.240 | 1.520 | 0.000 | 2.240 | 2.080 | 2.000 | 0.840 |
| 12 | 1.160 | 1.240 | 1.360 | 1.520 | 0.920 | 2.160 | 0.880 | 0.880 | 1.320 | 1.720 | 1.480 | 0.000 | 2.200 | 1.800 | 0.880 |
| 13 | 1.280 | 1.360 | 1.280 | 1.640 | 0.920 | 1.680 | 0.920 | 0.960 | 1.440 | 1.520 | 1.280 | 2.160 | 0.000 | 1.560 | 0.760 |
| 14 | 1.200 | 1.400 | 1.840 | 1.440 | 1.560 | 1.720 | 1.040 | 1.080 | 1.480 | 1.600 | 2.080 | 1.960 | 2.120 | 0.000 | 1.040 |
| 15 | 2.040 | 1.400 | 1.400 | 1.120 | 1.280 | 1.400 | 1.600 | 1.080 | 1.280 | 1.160 | 1.000 | 1.400 | 1.600 | 1.280 | 0.000 |

表 14-3 直接/间接关系矩阵

| 因子 | 1 | 2 | 3 | 4 | 5 | 6 | 7 | 8 | 9 | 10 | 11 | 12 | 13 | 14 | 15 |
|---|---|---|---|---|---|---|---|---|---|---|---|---|---|---|---|
| 1 | 0.447 | 0.496 | 0.468 | 0.443 | 0.439 | 0.556 | 0.390 | 0.378 | 0.433 | 0.470 | 0.462 | 0.556 | 0.573 | 0.474 | 0.332 |
| 2 | 0.558 | 0.444 | 0.505 | 0.473 | 0.442 | 0.592 | 0.400 | 0.398 | 0.434 | 0.494 | 0.493 | 0.593 | 0.606 | 0.506 | 0.326 |
| 3 | 0.541 | 0.520 | 0.429 | 0.473 | 0.436 | 0.588 | 0.389 | 0.382 | 0.431 | 0.495 | 0.507 | 0.594 | 0.607 | 0.520 | 0.320 |
| 4 | 0.437 | 0.399 | 0.394 | 0.331 | 0.355 | 0.482 | 0.304 | 0.300 | 0.379 | 0.393 | 0.375 | 0.485 | 0.494 | 0.420 | 0.259 |
| 5 | 0.494 | 0.463 | 0.444 | 0.431 | 0.341 | 0.528 | 0.365 | 0.343 | 0.412 | 0.428 | 0.423 | 0.518 | 0.537 | 0.459 | 0.292 |
| 6 | 0.543 | 0.510 | 0.490 | 0.472 | 0.440 | 0.506 | 0.390 | 0.384 | 0.458 | 0.495 | 0.478 | 0.592 | 0.596 | 0.507 | 0.324 |
| 7 | 0.401 | 0.377 | 0.349 | 0.339 | 0.337 | 0.426 | 0.252 | 0.315 | 0.311 | 0.361 | 0.346 | 0.424 | 0.450 | 0.365 | 0.253 |
| 8 | 0.390 | 0.388 | 0.359 | 0.345 | 0.310 | 0.423 | 0.322 | 0.246 | 0.310 | 0.371 | 0.340 | 0.439 | 0.451 | 0.370 | 0.231 |
| 9 | 0.418 | 0.379 | 0.357 | 0.384 | 0.335 | 0.466 | 0.280 | 0.275 | 0.295 | 0.378 | 0.352 | 0.453 | 0.469 | 0.397 | 0.244 |
| 10 | 0.507 | 0.487 | 0.476 | 0.453 | 0.406 | 0.562 | 0.371 | 0.378 | 0.421 | 0.404 | 0.466 | 0.562 | 0.574 | 0.478 | 0.295 |
| 11 | 0.511 | 0.485 | 0.495 | 0.438 | 0.418 | 0.547 | 0.364 | 0.363 | 0.411 | 0.460 | 0.395 | 0.567 | 0.574 | 0.492 | 0.297 |
| 12 | 0.415 | 0.398 | 0.392 | 0.385 | 0.337 | 0.484 | 0.304 | 0.300 | 0.358 | 0.404 | 0.388 | 0.409 | 0.500 | 0.419 | 0.256 |
| 13 | 0.404 | 0.387 | 0.375 | 0.376 | 0.325 | 0.452 | 0.294 | 0.292 | 0.350 | 0.383 | 0.367 | 0.472 | 0.403 | 0.397 | 0.243 |
| 14 | 0.453 | 0.437 | 0.442 | 0.413 | 0.389 | 0.508 | 0.336 | 0.333 | 0.393 | 0.432 | 0.441 | 0.521 | 0.538 | 0.387 | 0.284 |
| 15 | 0.436 | 0.393 | 0.382 | 0.359 | 0.342 | 0.445 | 0.324 | 0.300 | 0.346 | 0.373 | 0.360 | 0.448 | 0.466 | 0.389 | 0.217 |

计算得到各因素的中心度值和原因度值，并按由高到低的次序排列，如表 14-4 所示。

**表 14-4 中心度值和原因度值排序**

| 序号 | 影响因素 | 中心度值 | 序号 | 影响因素 | 原因度值 |
|---|---|---|---|---|---|
| 6 | 品牌因素 | 14.749 | 15 | 收入因素 | 1.405 |
| 1 | 价格因素 | 13.874 | 3 | 安全因素 | 0.876 |
| 2 | 品质因素 | 13.828 | 5 | 包装因素 | 0.830 |
| 3 | 安全因素 | 13.591 | 2 | 品质因素 | 0.700 |
| 12 | 信任因素 | 13.385 | 11 | 消杀因素 | 0.625 |
| 13 | 态度因素 | 13.360 | 10 | 管理因素 | 0.501 |
| 10 | 管理因素 | 13.179 | 8 | 时间因素 | 0.308 |
| 11 | 消杀因素 | 13.009 | 7 | 运费因素 | 0.221 |
| 14 | 心理因素 | 12.885 | 1 | 价格因素 | −0.040 |
| 5 | 包装因素 | 12.129 | 9 | 宣传因素 | −0.261 |
| 4 | 信息因素 | 11.922 | 14 | 心理因素 | −0.272 |
| 9 | 宣传因素 | 11.227 | 4 | 信息因素 | −0.310 |
| 7 | 运费因素 | 10.387 | 6 | 品牌因素 | −0.380 |
| 8 | 时间因素 | 10.282 | 12 | 信任因素 | −1.885 |
| 15 | 收入因素 | 9.751 | 13 | 态度因素 | −2.320 |

计算直接/间接关系矩阵中所有元素值的四分位数，得到门槛值(0.473)。在直接/间接关系矩阵及中心度值和原因度值排序表中标记出行与列的值都未达到该门槛值的 PIFs，如表 14-5、表 14-6 所示。这些 PIFs 将不在后续讨论中加以考虑。

表 14-5　直接/间接关系矩阵筛选表

| 因子 | 1 | 2 | 3 | 4 | 5 | 6 | 7 | 8 | 9 | 10 | 11 | 12 | 13 | 14 | 15 |
|---|---|---|---|---|---|---|---|---|---|---|---|---|---|---|---|
| 1 | 0.447 | 0.496 | 0.468 | 0.443 | 0.439 | 0.556 | 0.390 | 0.378 | 0.433 | 0.470 | 0.462 | 0.556 | 0.573 | 0.474 | 0.332 |
| 2 | 0.558 | 0.444 | 0.505 | 0.473 | 0.442 | 0.592 | 0.400 | 0.398 | 0.434 | 0.494 | 0.493 | 0.593 | 0.606 | 0.506 | 0.326 |
| 3 | 0.541 | 0.520 | 0.429 | 0.473 | 0.436 | 0.588 | 0.389 | 0.382 | 0.431 | 0.495 | 0.507 | 0.594 | 0.607 | 0.520 | 0.320 |
| 4 | 0.437 | 0.399 | 0.394 | 0.331 | 0.355 | 0.482 | 0.304 | 0.300 | 0.379 | 0.393 | 0.375 | 0.485 | 0.494 | 0.420 | 0.259 |
| 5 | 0.494 | 0.463 | 0.444 | 0.431 | 0.341 | 0.528 | 0.365 | 0.343 | 0.412 | 0.428 | 0.423 | 0.518 | 0.537 | 0.459 | 0.292 |
| 6 | 0.543 | 0.510 | 0.490 | 0.472 | 0.440 | 0.506 | 0.390 | 0.384 | 0.458 | 0.495 | 0.478 | 0.592 | 0.596 | 0.507 | 0.324 |
| 7 | 0.401 | 0.377 | 0.349 | 0.339 | 0.337 | 0.426 | 0.252 | 0.315 | 0.311 | 0.361 | 0.346 | 0.424 | 0.450 | 0.365 | 0.253 |
| 8 | 0.390 | 0.388 | 0.359 | 0.345 | 0.310 | 0.423 | 0.322 | 0.246 | 0.310 | 0.371 | 0.340 | 0.439 | 0.451 | 0.370 | 0.231 |
| 9 | 0.418 | 0.379 | 0.357 | 0.384 | 0.335 | 0.466 | 0.280 | 0.275 | 0.295 | 0.378 | 0.352 | 0.453 | 0.469 | 0.397 | 0.244 |
| 10 | 0.507 | 0.487 | 0.476 | 0.453 | 0.406 | 0.562 | 0.371 | 0.378 | 0.421 | 0.404 | 0.466 | 0.562 | 0.574 | 0.478 | 0.295 |
| 11 | 0.511 | 0.485 | 0.495 | 0.438 | 0.418 | 0.547 | 0.364 | 0.363 | 0.411 | 0.460 | 0.395 | 0.567 | 0.574 | 0.492 | 0.297 |
| 12 | 0.415 | 0.398 | 0.392 | 0.385 | 0.337 | 0.484 | 0.304 | 0.300 | 0.358 | 0.404 | 0.388 | 0.409 | 0.500 | 0.419 | 0.256 |
| 13 | 0.404 | 0.387 | 0.375 | 0.376 | 0.325 | 0.452 | 0.294 | 0.292 | 0.350 | 0.383 | 0.367 | 0.472 | 0.403 | 0.397 | 0.243 |
| 14 | 0.453 | 0.437 | 0.442 | 0.413 | 0.389 | 0.508 | 0.336 | 0.333 | 0.393 | 0.432 | 0.441 | 0.521 | 0.538 | 0.387 | 0.284 |
| 15 | 0.436 | 0.393 | 0.382 | 0.359 | 0.342 | 0.445 | 0.324 | 0.300 | 0.346 | 0.373 | 0.360 | 0.448 | 0.466 | 0.389 | 0.217 |

注：数据加下划线表示值大于门槛值(0.473)，灰色标记行与列的值均未大于门槛值(0.473)。

表 14-6　中心度和原因度筛选表

| 序号 | 影响因素 | 中心度值 | 序号 | 影响因素 | 原因度值 |
| --- | --- | --- | --- | --- | --- |
| 6 | 品牌因素 | **14.749** | 15 | 收入因素 | 1.405 |
| 1 | 价格因素 | **13.874** | 3 | 安全因素 | 0.876 |
| 2 | 品质因素 | **13.828** | 5 | 包装因素 | 0.830 |
| 3 | 安全因素 | **13.591** | 2 | 品质因素 | 0.700 |
| 12 | 信任因素 | **13.385** | 11 | 消杀因素 | 0.625 |
| 13 | 态度因素 | **13.360** | 10 | 管理因素 | 0.501 |
| 10 | 管理因素 | **13.179** | 8 | 时间因素 | 0.308 |
| 11 | 消杀因素 | **13.009** | 7 | 运费因素 | 0.221 |
| 14 | 心理因素 | **12.885** | 1 | 价格因素 | −0.040 |
| 5 | 包装因素 | 12.129 | 9 | 宣传因素 | −0.261 |
| 4 | 信息因素 | 11.922 | 14 | 心理因素 | −0.272 |
| 9 | 宣传因素 | 11.227 | 4 | 信息因素 | −0.310 |
| 7 | 运费因素 | 10.387 | 6 | 品牌因素 | −0.380 |
| 8 | 时间因素 | 10.282 | 12 | 信任因素 | −1.885 |
| 15 | 收入因素 | 9.751 | 13 | 态度因素 | −2.320 |

注：数据加粗表示中心度值大于所有中心度平均值(12.503 7)。

从表 14-6 可见,中心度值大于中心度平均值的 9 个因素依次为：品牌因素、价格因素、品质因素、安全因素、信任因素、态度因素、管理因素、消杀因素和心理因素。这些因素是影响消费者对生鲜平台服务满意度的重要方面,其中品牌因素、价格因素、品质因素是消费者对生鲜平台服务满意度的关键影响因素。此外,从原因度值可见,安全因素、包装因素、品质因素、消杀因素和管理因素为正原因度数值,表明它们分别在总体上更对其他因素产生影响作用,其中,安全因素、包装因素的原因度值明显较高,是分别对其他因素产生影响的重要方面。

### 3. 因果图绘制

因果图的绘制结果如图 14-1 所示，其中横轴代表中心度，纵轴代表原因度。求取直接/间接关系矩阵中高于门槛值的元素值的三分之二位置处(0.543)，区分影响关系的强度，并以实线代表因素间的强影响关系(大于 0.543)，以虚线代表因素间的较强影响关系(0.473～0.543)。

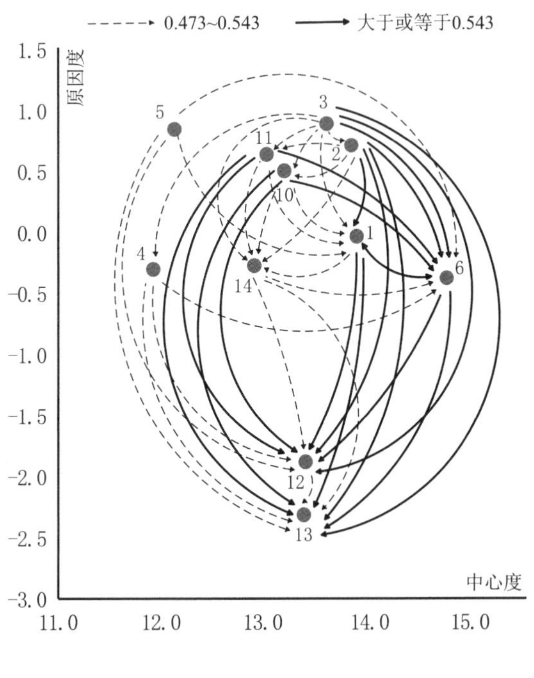


图 14-1 因果图

## 三、讨论与对策建议

### 1. 中心度和原因度分析

如表 14-7 所示，中心度值排序前三项的因素是品牌因素、价格因素和品质因素。这三个因素是在生鲜平台服务的消费者满意度问题中起到支配性作用的因素。此外，心理因素、包装因素、信息因素是中心度值排序的后三项，表明这三项对消费者满意度问题的影响作用较小。

表 14-7 中心度值的前三项和后三项

| 中心度值的前三项 | 中心度值的后三项 |
| --- | --- |
| **品牌因素**：平台影响力、平台信誉等 | **心理因素**：疫情下个人心理、情绪的变化等 |
| **价格因素**：产品价格 | **包装因素**：美观程度、保护产品等 |
| **品质因素**：新鲜程度、外表观感等 | **信息因素**：商家产品描述、评论评价等 |

原因度值排序的前三项和后三项如表 14-8 所示。安全因素、包装因素、品质因素这三项是影响其他因素的重要因素。品牌因素、信任因素、态度因素是更容易被影响的因素。

表 14-8 原因度值的前三项和后三项

| 原因度值的前三项 | 原因度值的后三项 |
| --- | --- |
| **安全因素**：食品安全、官方质量检疫等 | **品牌因素**：平台影响力、平台信誉等 |
| **包装因素**：美观程度、保护产品等 | **信任因素**：品牌忠诚度、信赖平台服务等 |
| **品质因素**：新鲜程度、外表观感等 | **态度因素**：对生鲜平台的态度和看法、接受程度等 |

**2. 因果图分析**

从因果图中可直观地看到，产品方面的因素更多地作用于其他因素，尤其是对消费者心理及认知方面有较大影响作用。消费者方面的因素更易受到产品方面和平台方面的影响，对于消费者而言，除了关注价格之外，品牌、品质等新的层面带来了新的感性体验和价值需求。与此同时，食品安全、生鲜包装也成为消费者重点考量的因素。

**3. 对策建议**

(1) 提高服务自动化水平。由前面的分析可以看到，食品安全和品质是消费者很关心的问题。让消费者放心购买是生鲜平台服务的关键(见图 14-2)。

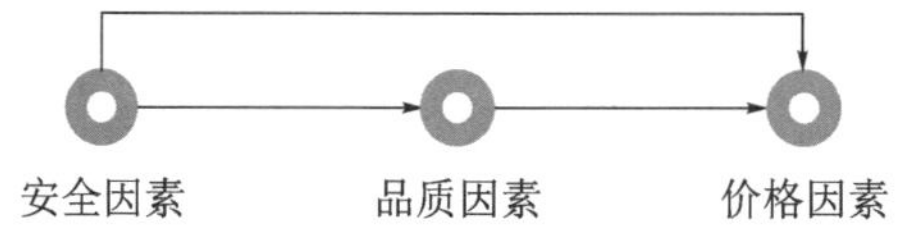


图 14-2 安全因素、品质因素、价格因素的影响关系

可从保证生鲜产品安全品质入手，建立生鲜无接触配送平台，提高生鲜平台服务的自动化水平。如今自动驾驶技术日渐成熟，将其与生鲜配送相结合，既保证生鲜产品在服务流程中的无接触，减少受感染的风险，同时借助自动规划最优路线缩短配送时间，提高配送效率，节省下来的人工费用则可转化为生鲜产品的价格补贴以吸引消费者。这样，生鲜平台在保证生鲜产品安全品质的同时推出较低的价格，消费者获得放心实惠的购物体验，对生鲜平台服务的满意度也会提高。

(2) 加强绿色包装设计。可以看到，品牌因素是影响消费者满意度的最核心方面，而包装因素对价格因素及品牌因素存在一定的影响。包装与产品是密不可分的整体，生鲜产品的包装既要起到保护作用，又需要美观并能更好地衬托出产品特点(见图 14-3)。

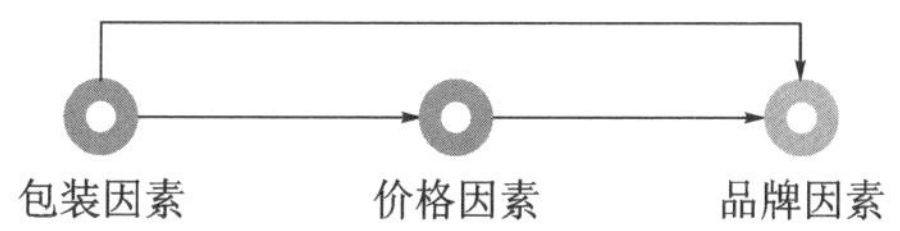


图 14-3　包装因素、价格因素、品牌因素的影响关系

可从生鲜产品的包装入手，完善生鲜包装绿色回收体系建设。可回收、可降解的绿色包装从一定程度上增强企业发展的可持续性，提升企业的生态意识和责任意识，从而提升消费者对企业品牌的好感度。经过相应的视觉设计，绿色包装可更贴合生鲜产品的价值内核，其安全无毒的特性会加强消费者对生鲜产品的信任，绿色健康的形象会深入人心。而从长远来看，绿色包装的回收再利用能为平台节省一定的成本，提升平台的经济效益。

(3) 服务流程标准化、透明化。可以看到，在服务流程中产品和平台都是消费者关注的重点，消费者在意生鲜安全、流程消杀的问题。平台的管理是否合乎标准是关乎消费者是否满意放心的一个方面(见图 14-4)。

可从生鲜平台服务流程入手，建立标准化、透明化服务体系。从生鲜源头就记录其状况，每经过一道流程都上传其专属电子档案，让消费者对生鲜产品有迹可循。信息透明也有助于规范平台的操作流程，为平台标准化服务及其发展提供动力。

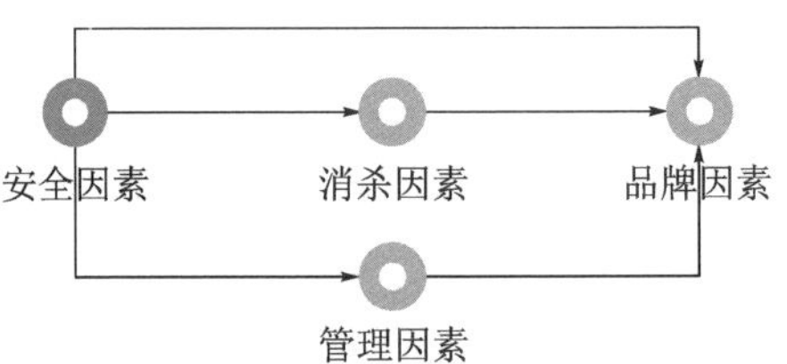


图 14-4　安全因素、消杀因素、管理因素、品牌因素的影响关系

## 参考文献

[1] Zheng Q, Chen J, Zhang R, et al. What factors affect Chinese consumers' online grocery shopping? Product attributes, e-vendor characteristics and consumer perceptions [J]. China Agricultural Economic Review, 2020,12(2): 193-213.

[2] Huang Y, Oppewal H. Why consumers hesitate to shop online: an experimental choice analysis of grocery shopping and the role of delivery fees[J]. International Journal of Retail and Distribution Management, 2006,34(4/5): 334-353.

[3] Chu J, Arce-Urriza M, Cebollada-Calvo J, et al. An empirical analysis of shopping behavior across online and offline channels for grocery products: the moderating effects of household and product characteristics[J]. Journal of Interactive Marketing, 2010, 24(4): 251-268.

[4] Clemes M D, et al. An empirical analysis of online shopping adoption in Beijing, China[J]. Journal of Retailing and Consumer Services, 2014, 21(3): 364-375.

[5] 张华泉,俞守华,区晶莹.生鲜农产品电子商务消费者满意度影响因素研究：基于电子商务平台消费者在线评论[J].当代经济,2019,(8): 95-100.

[6] 张红霞.生鲜农产品电子商务消费者满意度影响因素：基于在线评论的探索分析[J].江苏农业科学,2019,47(17): 4-8.

## 第十五章

# 购物网站推荐系统的用户体验

### 一、引言

在互联网飞速发展和信息爆炸的时代，推荐系统有利于信息提供方及信息接收方的信息传递机制。推荐系统从 20 世纪 90 年代开始出现并不断发展，其应用对象遍布书籍、文档、图像、电影、音乐、购物、电视节目等[1]。购物网站是大多数人日常最直接接触推荐系统的途径。购物网站推荐系统提供了形式相当丰富的推荐内容，例如天猫电商平台在首页有官方活动推荐、个性化品牌推荐及个性化商品推荐这几个推荐模块，而在商品检索页的商品呈现及商品详情页的同店铺商品展示，也是推荐系统的组成部分。

加勒特(Garrett)在《用户体验要素：以用户为中心的产品设计》一书中提出经典的用户体验模型，由下至上将用户体验层级分为了战略层、范围层、结构层、框架层及表现层。对于购物网站推荐系统这样一个信息类产品，可以用其内容特性容纳战略层及范围层，并且用交互特性来对应结构层、框架层及表现层(见图 15-1)。

关于购物网站推荐系统的用户体验影响问题，目前已有一些相关研究。例如，有的研究将推荐系统用户感知由底层至上层分为用户感知质量、用户信念、用户态度及行为意图等四个层级，其中用户感知质量包括准确性、熟悉度、新颖性、多样性、界面充分友好性、解释性、信息充足性等[2]。在针对电子商务平台商品推荐信息特性对消费者购买意愿影响的研究中，有学者将商品推荐信息的精确性、强度、丰富性、新颖性、互动性归为影响因素[3]。

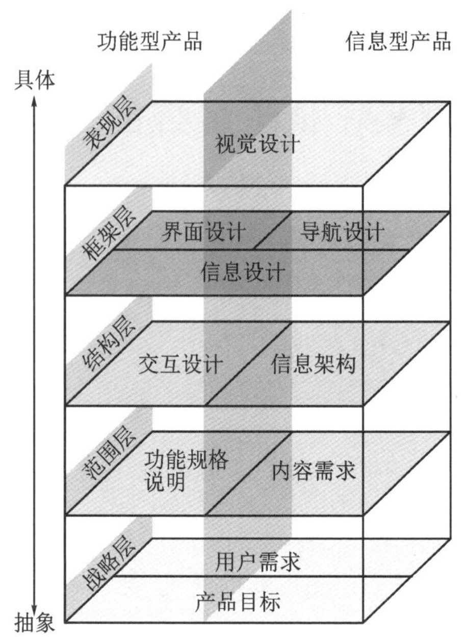


图 15-1 用户体验层级

也有学者研究了推荐系统信任性对购买意愿的影响问题，指出信任性对购买意愿有重要影响且其决定因素包括视觉性、安全性、交互性及时效性[4]。有的研究将移动商务的感知价值分为功能、安全、体验、社会等四个维度，并且发现用户对功能价值关注度较高而对社会价值关注度相对较低[5]。此外，本文从用户访谈中发现，用户对推荐系统的推荐强度及隐私性有一定关注度。

## 二、关键影响因素分析与影响机制分析

### 1. 基本影响因素整理

如图 15-2 所示，本文将购物网站推荐系统的用户体验影响因素归为推荐系统内容特性、交互特性及其他特性等三个大类。其中，内容特性包含精确性、新颖性、丰富性、时效性及互动性等因素，交互特性包含推荐渠道与时机、信息容量、界面友好及推荐机制解释等因素，其他特性包含推荐系统算法、安全性及愉悦性等因素。

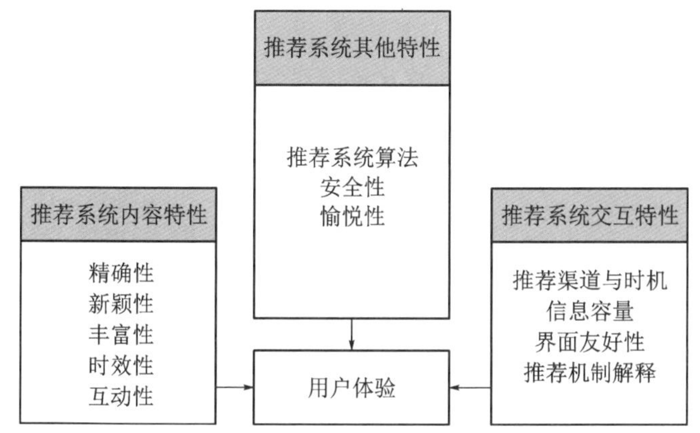


图 15-2　购物网站推荐系统的用户体验的基本影响因素

在推荐系统内容特性中，精确性指推荐内容（包括用户的爱好、购买水平等）符合期望程度，而新颖性则指推荐内容（包括品类、品牌、风格等）超出预期程度。新颖性和精确性看似是相互冲突的一对特性，但实际上很多时候需要为用户在符合预期和超出预期之间找到微妙的平衡点。此外，丰富性指推荐内容（包括品类、品牌、风格等）的丰富性，时效性指推荐内容紧跟季节趋势、潮流热点。最后，互动性指能够向商家反馈是否喜欢推荐内容并获得相应调整。

在推荐系统交互特性中，推荐渠道与时机指推荐内容呈现渠道、频次和时间是否合适。信息容量指推荐内容是否简洁且是否能够传达必要信息。界面友好性指图文排列的清晰易懂性。推荐机制解释以推荐商品“根据××推荐××”提示为例。

在推荐系统其他特性中，推荐系统算法指推荐内容的生成原理。安全性指个人隐私是否能得到保障。愉悦性指查看推荐系统能带来的愉悦程度。

**2. 决策实验室法用户调研与数据分析**

本文对基本影响因素加以编号：因素 1——推荐内容精确性、因素 2——推荐内容新颖性、因素 3——推荐内容丰富性、因素 4——推荐内容时效性、因素 5——推荐内容互动性、因素 6——推荐渠道与时机、因素 7——信息容量、因素 8——界面友好性、因素 9——推荐机制解释、因素 10——推荐系统算法、因素 11——安全性、因素 12——愉悦性。以决策实验室法设计问卷进行用户调研。问卷由两部分构成：第一部分为因素两两影响程度比较题，第二部分涉及受访者基本情况及推荐系统使用情况和评价。

问卷的第一部分问题设置如图 15-3 所示。受访者以 4 阶量表判断因素两两之间的影响关系，同时对因素的具体含义加以解释说明。如图 15-4 所示，在每一个因素大类增设用户感知因素重要性排序，目的是与决策实验室法调研结果加以比较。

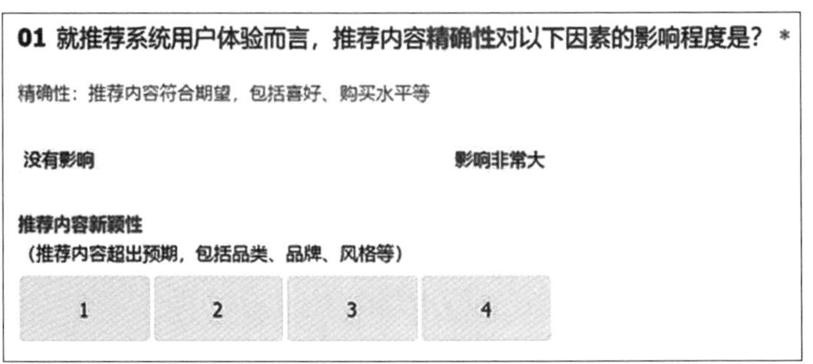


图 15-3　问卷——两两因素比较提问示例

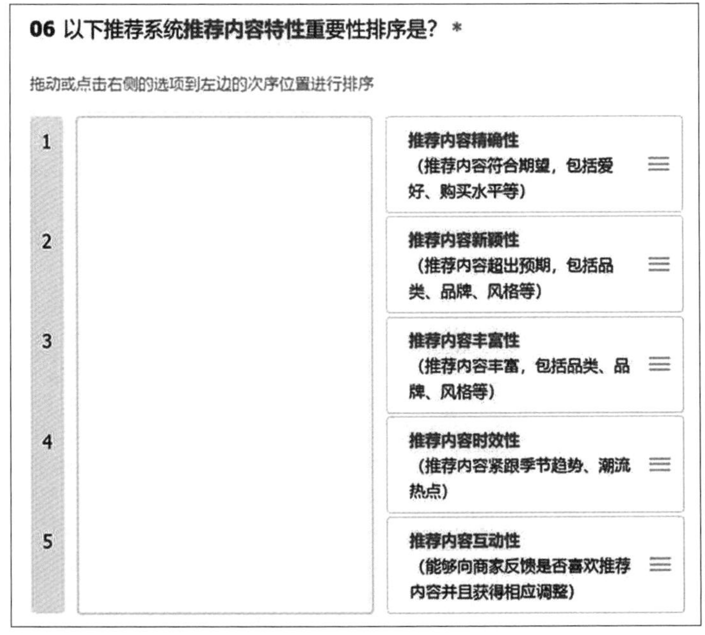


图 15-4　问卷——用户感知推荐内容特性重要性排序示例

问卷的第二部分涵盖了受访者基本情况、购物网站使用情况及购物网站推荐系统使用情况和相应评价方面的信息。基本情况包括年龄和性别。购物网站使用情况包括使用购物网站的频率，以及每月在购物网站上的消费金额。购物网站推荐系统使用情况部分，则让用户选择平时会查看的推荐内容。在评价部分，让用户选择对目前购物网站推荐系统的满意程度及写出购物网站推荐系统可增强之处（见图 15-5）。

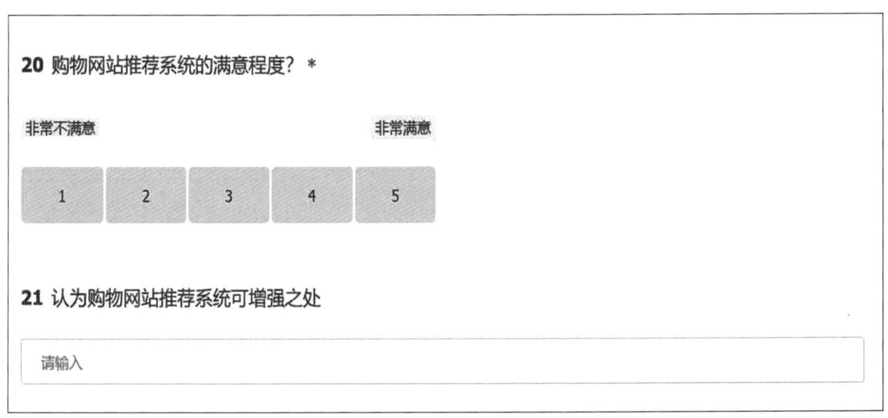


图 15-5　问卷——购物网站推荐系统评价

共收到 27 份问卷反馈，经筛选，其中 25 份为有效问卷。有效问卷对应的受访者中，女性占 68%，年龄在 20～24 岁的占 92%。就购物网站使用情况而言，使用频率在两三天一次及以上的占 72%，而每月消费在 500 元及以上的占到了 84%。这说明受访对象对购物网站有较强使用习惯，对购物网站推荐系统有一定熟悉度，能较为准确地理解不同因素的内涵，并且能相对专业地判断因素之间的影响关系。

由 25 份有效问卷数据得出的直接关系矩阵，如表 15-1 所示。

经过运算得到如表 15-2 所示的直接/间接关系矩阵。

求取该矩阵中元素值的四分位数（Q1）作为门槛值（0.55）。将大于门槛值的值加粗标注，如表 15-3 所示。

**表 15-1　直接关系矩阵**

| 因子 | 1 | 2 | 3 | 4 | 5 | 6 | 7 | 8 | 9 | 10 | 11 | 12 |
|---|---|---|---|---|---|---|---|---|---|---|---|---|
| **1** | 0.00 | 2.48 | 2.72 | 3.08 | 2.44 | 2.56 | 2.84 | 2.64 | 2.36 | 2.60 | 2.72 | 3.32 |
| **2** | 2.24 | 0.00 | 3.12 | 3.24 | 2.72 | 2.20 | 2.48 | 2.24 | 1.84 | 2.00 | 1.84 | 3.16 |
| **3** | 2.16 | 2.88 | 0.00 | 2.48 | 2.28 | 2.08 | 2.64 | 2.56 | 2.04 | 2.08 | 2.08 | 3.00 |
| **4** | 2.96 | 2.88 | 2.20 | 0.00 | 2.40 | 2.92 | 2.48 | 2.04 | 1.92 | 2.00 | 1.84 | 2.72 |
| **5** | 2.88 | 2.48 | 2.32 | 2.32 | 0.00 | 2.56 | 2.36 | 2.60 | 2.20 | 2.24 | 2.24 | 3.24 |
| **6** | 2.56 | 2.40 | 2.40 | 2.76 | 2.24 | 0.00 | 2.64 | 2.52 | 2.16 | 2.16 | 2.36 | 3.00 |
| **7** | 3.00 | 2.32 | 3.00 | 2.48 | 2.32 | 2.24 | 0.00 | 3.12 | 2.12 | 2.12 | 2.08 | 3.08 |
| **8** | 2.36 | 2.24 | 2.48 | 2.08 | 2.40 | 2.12 | 2.80 | 0.00 | 1.88 | 1.76 | 2.00 | 3.44 |
| **9** | 2.64 | 1.96 | 2.24 | 2.08 | 2.40 | 2.44 | 2.12 | 2.04 | 0.00 | 2.44 | 2.44 | 2.52 |
| **10** | 3.28 | 2.72 | 3.04 | 2.84 | 2.48 | 2.80 | 2.60 | 2.08 | 2.68 | 0.00 | 2.96 | 2.92 |
| **11** | 2.52 | 1.88 | 1.72 | 1.84 | 2.32 | 2.20 | 2.00 | 1.96 | 2.24 | 2.40 | 0.00 | 2.80 |
| **12** | 2.24 | 2.32 | 2.16 | 2.00 | 2.52 | 2.04 | 2.00 | 2.36 | 1.84 | 1.92 | 2.20 | 0.00 |

表 15-2　直接/间接关系矩阵

| 因子 | 1 | 2 | 3 | 4 | 5 | 6 | 7 | 8 | 9 | 10 | 11 | 12 |
|---|---|---|---|---|---|---|---|---|---|---|---|---|
| **1** | 0.63 | 0.66 | 0.68 | 0.69 | 0.66 | 0.65 | 0.68 | 0.66 | 0.59 | 0.60 | 0.63 | 0.82 |
| **2** | 0.64 | 0.54 | 0.64 | 0.64 | 0.62 | 0.59 | 0.62 | 0.60 | 0.53 | 0.54 | 0.56 | 0.75 |
| **3** | 0.63 | 0.61 | 0.54 | 0.61 | 0.59 | 0.58 | 0.61 | 0.59 | 0.52 | 0.53 | 0.55 | 0.73 |
| **4** | 0.65 | 0.61 | 0.61 | 0.54 | 0.60 | 0.60 | 0.61 | 0.58 | 0.52 | 0.53 | 0.55 | 0.73 |
| **5** | 0.67 | 0.62 | 0.63 | 0.63 | 0.54 | 0.61 | 0.62 | 0.62 | 0.55 | 0.56 | 0.58 | 0.76 |
| **6** | 0.66 | 0.61 | 0.63 | 0.63 | 0.61 | 0.53 | 0.63 | 0.61 | 0.54 | 0.55 | 0.57 | 0.75 |
| **7** | 0.68 | 0.62 | 0.66 | 0.64 | 0.62 | 0.61 | 0.56 | 0.64 | 0.55 | 0.56 | 0.58 | 0.77 |
| **8** | 0.62 | 0.58 | 0.60 | 0.58 | 0.58 | 0.56 | 0.60 | 0.50 | 0.50 | 0.51 | 0.53 | 0.73 |
| **9** | 0.62 | 0.57 | 0.59 | 0.58 | 0.58 | 0.57 | 0.58 | 0.56 | 0.45 | 0.53 | 0.55 | 0.70 |
| **10** | 0.74 | 0.68 | 0.71 | 0.70 | 0.67 | 0.67 | 0.68 | 0.66 | 0.61 | 0.54 | 0.65 | 0.82 |
| **11** | 0.59 | 0.54 | 0.54 | 0.55 | 0.55 | 0.54 | 0.55 | 0.53 | 0.49 | 0.50 | 0.45 | 0.67 |
| **12** | 0.58 | 0.54 | 0.55 | 0.54 | 0.55 | 0.53 | 0.54 | 0.54 | 0.47 | 0.48 | 0.51 | 0.58 |

表 15-3 直接/间接关系矩阵(大于门槛值的加粗标注)

| 因子 | 1 | 2 | 3 | 4 | 5 | 6 | 7 | 8 | 9 | 10 | 11 | 12 |
|---|---|---|---|---|---|---|---|---|---|---|---|---|
| 1 | **0.63** | **0.66** | **0.68** | **0.69** | **0.66** | **0.65** | **0.68** | **0.66** | **0.59** | **0.60** | **0.63** | **0.82** |
| 2 | **0.64** | 0.54 | **0.64** | **0.64** | **0.62** | **0.59** | **0.62** | **0.60** | 0.53 | 0.54 | **0.56** | **0.75** |
| 3 | **0.63** | **0.61** | 0.54 | **0.61** | **0.59** | **0.58** | **0.61** | **0.59** | 0.52 | 0.53 | 0.55 | **0.73** |
| 4 | **0.65** | **0.61** | **0.61** | 0.54 | **0.60** | **0.60** | **0.61** | **0.58** | 0.52 | 0.53 | 0.55 | **0.73** |
| 5 | **0.67** | **0.62** | **0.63** | **0.63** | 0.54 | **0.61** | **0.62** | **0.62** | 0.55 | **0.56** | **0.58** | **0.76** |
| 6 | **0.66** | **0.61** | **0.63** | **0.63** | **0.61** | 0.53 | **0.63** | **0.61** | 0.54 | 0.55 | **0.57** | **0.75** |
| 7 | **0.68** | **0.62** | **0.66** | **0.64** | **0.62** | **0.61** | **0.56** | **0.64** | 0.55 | **0.56** | **0.58** | **0.77** |
| 8 | **0.62** | **0.58** | **0.60** | **0.58** | **0.58** | **0.56** | **0.60** | 0.50 | 0.50 | 0.51 | 0.53 | **0.73** |
| 9 | **0.62** | **0.57** | **0.59** | **0.58** | **0.58** | **0.57** | **0.58** | **0.56** | 0.45 | 0.53 | 0.55 | **0.70** |
| 10 | **0.74** | **0.68** | **0.71** | **0.70** | **0.67** | **0.67** | **0.68** | **0.66** | **0.61** | 0.54 | **0.65** | **0.82** |
| 11 | **0.59** | 0.54 | 0.54 | 0.55 | 0.55 | 0.54 | 0.55 | 0.53 | 0.49 | 0.50 | 0.45 | **0.67** |
| 12 | **0.58** | 0.54 | 0.55 | 0.54 | 0.55 | 0.53 | 0.54 | 0.54 | 0.47 | 0.48 | 0.51 | **0.58** |

计算各因素的中心度值、原因度值,结果如表 15-4 所示。

**表 15-4 各因素的中心度值与原因度值**

| 编号 | 描述 | 中心度值 | 原因度值 |
|---|---|---|---|
| 因素 1 | 推荐内容精确性 | 15.64 | 0.24 |
| 因素 2 | 推荐内容新颖性 | 14.46 | 0.10 |
| 因素 3 | 推荐内容丰富性 | 14.45 | -0.29 |
| 因素 4 | 推荐内容时效性 | 14.46 | -0.19 |
| 因素 5 | 推荐内容互动性 | 14.54 | 0.22 |
| 因素 6 | 推荐渠道与时机 | 14.36 | 0.27 |
| 因素 7 | 信息容量 | 14.75 | 0.22 |
| 因素 8 | 界面友好性 | 13.98 | -0.20 |
| 因素 9 | 推荐机制解释 | 13.17 | 0.55 |
| 因素 10 | 推荐系统算法 | 14.56 | 1.69 |
| 因素 11 | 安全性 | 13.19 | -0.20 |
| 因素 12 | 愉悦性 | 15.23 | -2.40 |

如图 15-6 所示,推荐内容精确性、愉悦性及信息容量为中心度值处于前三位的因素,而推荐机制解释、安全性及界面友好性为中心度值处于后三位的因素。可见,在推荐系统内容特性之中,推荐内容的精确性对用户

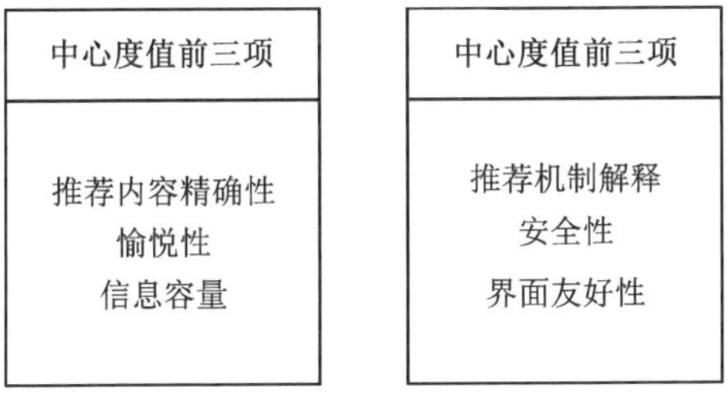

| 中心度值前三项 | 中心度值前三项 |
|---|---|
| 推荐内容精确性<br>愉悦性<br>信息容量 | 推荐机制解释<br>安全性<br>界面友好性 |

图 15-6 中心度值的前三项与后三项

体验问题起到相对关键的影响作用，与推荐系统本身的可用性及易用性息息相关。在交互特性中，信息容量为重点因素，对应易用性，说明用户非常希望能获得既有用又不会被打扰的适量信息。愉悦性则涉及了更高层级的友好性，同样在提升用户体验过程中不可忽略。虽然推荐机制解释、安全性及界面友好性为中心度值最低的三个因素，但这也可能是由于这些因素和其他因素的关系较为疏远，但并不一定代表其本身是不值得注重的方面。

对推荐系统内容特性及交互特性问卷调研结果与决策实验室法结果进行了比较，可看到用户主观感知和实际操作结果的差异性。分析其中的原因得出以下两点：①重要性定义。决策实验室法的重要性是基于影响程度判断的，综合了影响程度和被影响程度，而在问卷调研中用户凭借自己的经验主观评价重要性，两者在重要性的定义上就有差异。②衡量机制。决策实验室法的计算机制包括直接和间接影响，而问卷调研中用户主要凭借自己的直接判断，往往导致判断不够全面。两种方法的衡量机制不同会产生一些结果差异。

如图 15-7 所示，原因度值的前三项为推荐系统算法、推荐机制解释及推荐渠道与时机，而后三项为界面友好性/安全性、推荐内容丰富性、愉悦性。

| 原因度值前三项 | 原因度值后三项 |
| --- | --- |
| 推荐系统算法<br>推荐机制解释<br>推荐渠道与时机 | 界面友好性/安全性<br>推荐内容丰富性<br>愉悦性 |

图 15-7　原因度值的前三项与后三项

图 15-8 展示因素间中心度－原因度的分布关系，能够帮助读者以视觉化的方式明晰不同因素在整个系统中的角色。

结果整体上呈现大部分因素中心聚集、零星周围分散的特点。观察代

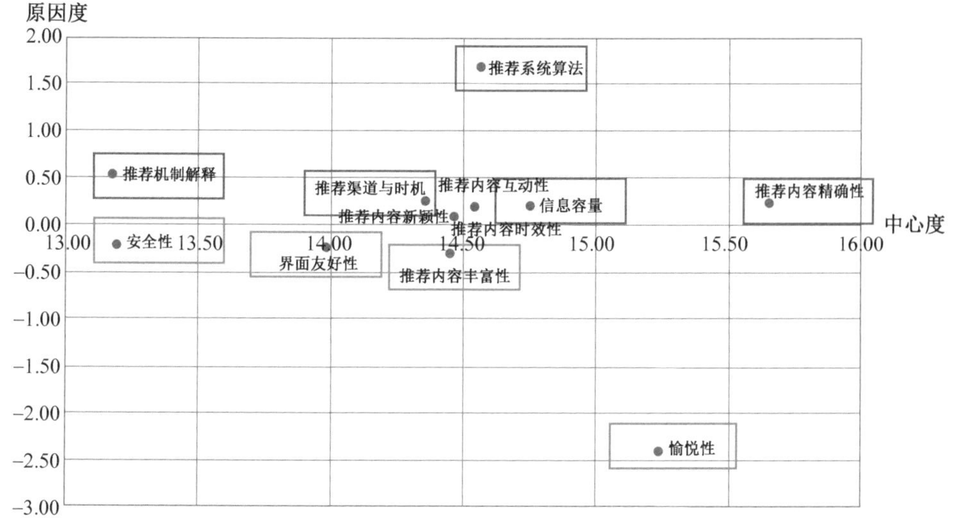


图 15-8　中心度-原因度图

表中心度的横轴，可明显区分出三大部分：中心度值较高的推荐内容精确性和愉悦性，较低的推荐机制解释和安全性，以及在横轴上中间聚集的其余因素。这说明精确性和愉悦性对用户体验问题的支配性高，需被重点关注，而推荐机制解释和安全性在整体评价中占据较次要的位置。观察代表原因度的纵轴，可发现同样区分为三大部分：原因度值较高的推荐系统算法，原因度较低的愉悦性，以及在纵轴中间聚集的其余因素。这说明推荐系统算法强烈影响别的因素，在整个系统中是向其他因素施加影响的重点方面，这也与主观认知相符。同时，愉悦性是最受其他因素影响的方面，而其恰恰又是中心度值排第二位的因素。可见通过改进其他方面来影响和提高愉悦性，对提升购物网站推荐系统的用户体验是极为重要的。

图 15-9 展示了因果图中因素间的关系。在因果图中，实线表达强影响关系（大于 0.64，该数值是直接/间接关系矩阵中高于门槛值的所有元素值的三分之二位置），虚线表达较强影响关系（0.55～0.64）。可以看到，推荐内容精确性、愉悦性及信息容量是购物网站推荐系统的用户体验的关键影响因素。推荐系统算法对其他多个方面具有强影响作用，说明它具有强影响地位。而愉悦性受到其他所有 11 个因素的强影响。

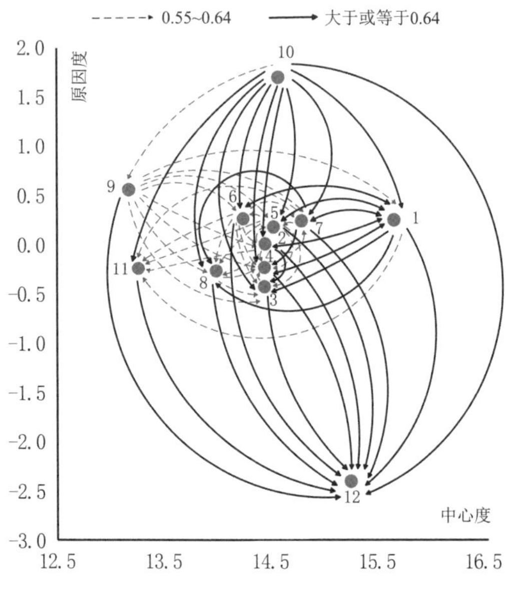


图 15-9 因果图

## 三、结论与设计对策建议

本文进一步通过问卷了解受访者对购物网站推荐系统的使用情况及评价，如图 15-10 所示。只有 4%的受访者表示不查看推荐内容，说明用户对于推荐系统的接受程度较高，也有一定的使用习惯。在具体板块方面用户查看较多的为网站首页“猜你喜欢”栏目，体现出用户对于个性化定制内容的需求。同时，网站首页的官方活动推荐及分类商品推荐，也有将近一半的查看率，说明首页是一个良好的推荐传播渠道。

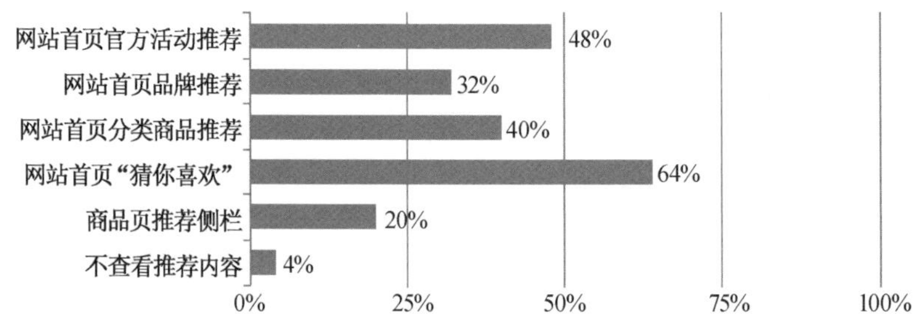


图 15-10 问卷推荐系统查看内容结果

在对推荐系统的满意程度5阶量表评价中，受访者中有44%选择满意程度为3分，40%选择满意程度为4分，说明用户对目前推荐系统的满意程度尚可，但仍有提高空间。用户提出的推荐系统改进意见可分为三类：

（1）内容特性：多出现正品推荐；已经购买的就不要再推荐了；减少出现奇怪的东西；经常浏览或者购买的网站上新推荐；非消耗品不要再次推荐同类产品了；关注产品类型的新品推荐；精简；生成个人风格的画像，比如根据购买的服饰推荐合适的鞋子，甚至拓展到个人风格搭配指南。

（2）交互特性：私人搭配入口更明显。

（3）其他特性：安全性。在内容特性上的信任度、智能性及丰富性等方面可进一步提升，在交互特性上的导航设计方面可进一步增强，而在其他特性上的安全性方面是需要加以考虑的因素。

结合前面的分析，从推荐系统内容特性、交互特性及其他特性等三个方面提出如下设计对策。

从推荐系统内容特性着手。①提升推荐内容精确性。推荐内容精确性是中心度值最大且用户主观问卷最为注重的内容特性，说明在这个用户需求多样化、个性化的时代，用户希望看到符合自己习惯与个性的专属推荐。在推荐系统的设计上，就要求从多个维度进行用户建模，全方位提升推荐内容的精确属性。②挖掘互动性。推荐内容互动性是中心度值排第二位的推荐系统内容特性，但是在用户主观问卷中却排名最后。这说明互动性在购物网站推荐系统的用户体验方面有较强的重要性，但目前用户主观上对于互动性带来体验提升的感知并不强。这一方面说明需要通过一些手段增强相关的用户直观感知，另一方面也折射出目前的推荐系统互动性仍不完善，并不能真正有效地提升用户体验，因此在一定程度上是一个值得开发的方面。

从推荐系统交互特性着手。①调控信息容量。信息容量是决策实验室法分析与用户主观评价均较注重的因素，同时也是一个原因度值为正的因素。一方面用户希望能够得到对自己有用的信息，另一方面也不希望被冗余的信息所打扰，其中的平衡是推荐系统设计升级需要把握的。同时信息容量也会对其他一些重要属性（如推荐内容精确性、推荐内容丰富性及愉悦性)产生强影响。②注重界面友好性。界面友好性是用户主观上较为注重的交互特性,目前可能存在的问题是图文呈现不够清晰、交互方式不够简洁等。③把控推荐渠道与时机。推荐渠道与时机也是总体上影响其他因素的因素,对推荐内容精确性及愉悦性具有强影响作用,同时也与其他若干因素具有较强相互影响关系。④推荐机制解释。推荐机制解释同样为影响其他因素的因素,其与相当多的因素拥有较强影响关系。虽然此因素的中心度值较低,但是因其与众多因素的广泛联系,故而也是需要注重的特性。

从其他推荐系统特性着手。①开发推荐系统算法。推荐系统算法是对其他因素具有最大影响的因素,直接影响到推荐系统用户体验的方方面面。目前推荐系统算法主要分为基于内容的推荐、基于协同过滤的推荐、基于人口统计学的推荐及混合推荐,同时,也存在着一些问题,例如冷启动、源数据稀疏性、推荐相似度把控等。推荐系统算法是目前机器学习相关领域的一大热门话题,应得到更好的发展。②提升愉悦性。愉悦性是中心度值大而原因度值小的因素。这一方面说明用户不单单满足于推荐系统的可用性、易用性,还希望能够从中获得更高层级的愉悦体验;另一方面也说明愉悦性是一个受众多因素影响的问题,难以单单依靠一个或几个因素的提升来对它加以改变。这也对愉悦性的提升提出了更高的挑战。③控制安全性。安全性的中心度值较小、原因度值为负值,看似是一个较为边缘的因素,但其重要性不可忽略。用户只会越来越关注和重视个人隐私安全问题,安全性因素是未来的推荐系统开发中不可忽略的方面。

当然,本文的受访者主体为20～24岁的大学生,年龄层次和身份较为单一。要使得研究结论的适用性更广泛,可进一步扩大受访者的人群范围(如多个年龄段、身份差异等)并展开相关研究。

## 参考文献

[1] Park D H, Kim H K, Choi I Y, et al. A literature review and classification of recommender systems research [J]. Expert Systems with Applications, 2012, 39(11): 10059-10072.

[2] 高梦晨.推荐系统用户感知调研[J].工业设计研究,2018(0):320-326.

[3] 邓灵斌,申慧.电子商务平台商品推荐信息特性对消费者购买意愿的影响实证研究[J].南华大学学报(社会科学版),2019,20(2):60-65.

[4] 赵雪.个性化推荐系统、信任与用户购买意愿的关系研究[D].保定:河北大学,2018.

[5] 李宝库,郭婷婷.基于感知价值和隐私关注的用户移动个性化推荐采纳[J].中国流通经济,2018,32(4):120-126.

# 第十六章

# 乡村旅游中游客的旅游体验

## 一、引言

现代乡村旅游是20世纪80年代出现在农村区域的一种新型旅游模式，尤其在20世纪90年代以后发展迅速。我国的乡村旅游一般以独具特色的乡村民俗文化为灵魂，以农民为经营主体，以城市居民为目标人群。发展乡村旅游对乡村振兴具有巨大的经济和社会意义与价值。

目前，国内外学术界对乡村旅游还没有完全统一的定义，国内学者一般认为，乡村旅游是以农民为经营主体，以农民所拥有的土地、庭院、经济作物和地方资源为特色，以为游客服务为经营手段的农村家庭经营方式，实际上是一种"农家乐"的概念。2006年在贵州举行的乡村旅游国际论坛上，国内专家们形成了一个比较统一的意见，认为我国的乡村旅游至少应包含以下内容：一是以独具特色的乡村民俗文化为灵魂，以此提高乡村旅游的丰富性；二是以农民为经营主体，充分体现"住农家屋、吃农家饭、干农家活、享农家乐"的民俗特色；三是乡村旅游的目标人群应主要定位为城市居民，满足都市人享受田园风光、回归淳朴民俗的愿望[1]。

乡村旅游迅速发展，逐渐呈现出产业的规模化和产品的多样化。国外乡村旅游类型主要有：农业旅游、农庄旅游、绿色旅游、偏远乡村的传统文化和民俗文化旅游、外围区域的旅游等[1]。国内乡村旅游基本类型大致包括以下几类：以绿色景观和田园风光为主题的观光型乡村旅游；以农庄或农场旅游为主，包括休闲农庄、观光果园、茶园、花园、休闲渔场、农业教育园、农业科普示范园等，体现以休闲、娱乐和增长见识为主题的乡村旅游；以乡村民俗、民族风情及传统文化、民族文化和乡土文化为主题的乡村旅游；以康体疗养和健身娱乐为主题的康乐型乡村旅游[1]。党和政府也高度重视乡村旅游。早在2015年中央一号文件就提出，要积极开发农业多种功能，挖掘乡村生态休闲、旅游观光、文化教育价值。2016年中央一号文件强调大力发展休闲农业和乡村旅游。乡村振兴战略也是党的十九大报告中提出的重要战略。

中国的乡村旅游开发主要以农业观光和休闲农业为主，并朝着集观光、考察、学习、参与、康体、休闲、度假、娱乐等于一体的综合型方向发展。国内游客参与率和回游率比较高的乡村旅游项目是以"住农家屋、吃农家饭、干农家活、享农家乐"为内容的民俗风情旅游，以收获各种农产品为主或以民间传统节庆活动为内容的乡村节庆旅游等。

中国乡村旅游发展中也存在着需要加以解决的问题。第一，乡村旅游对乡村文化的冲击。中国社会发展过程中创造并赋存于乡村中的物质和精神文化，是中华文化的源头和重要组成部分。乡村文化是中华文化之根，是乡村旅游之魂，乡村旅游发展的驱动力是旅游者对乡村特色文化的追寻，其文化价值决定着乡村旅游的未来[2]。但是乡村旅游在发展过程中出现了一味地迎合"城市"口味而忽视自身的乡村文化、风土民情的问题。旅游开发企业对经济利益的追求，常使乡村旅游过度商业化，从而使乡村本土文化的真实内涵发生扭曲、传承机制受到干扰，乡村文化可能湮灭在商业化的乡村旅游大浪潮下。第二，对生态环境的破坏。开发和保护是经济发展过程中面临的基本矛盾，也是乡村旅游发展中不可避免的矛盾。自然环境是乡村旅游发展的基础，其与乡村旅游发展存在着相辅相成又相互制约的关系。乡村旅游资源开发对当地生态环境的破坏，主要表现在两个方面：一是原始性破坏。乡村旅游资源开发是在自然生态环境的基础上，人为地开山、炸石、修路、修桥等，严重破坏地表植被，影响生态环境；二是后继性破坏。乡村旅游在经营过程中会直接或间接造成噪声污染、大气污染、水体变质及产生大量不可降解的垃圾等。在乡村旅游建设发展过程中，这两方面的破坏常常同时存在[2]。第三，同质化现象严重。“同质化”是指同一大类中不同品牌的商品在性能、外观甚至营销手段上相互模仿，以至逐渐趋同的现象，也指某个领域存在大致相同的类型、制作手段、制作流程，传递内容相同的各类信息的现象[3]。在国家乡村振兴战略的支持下，乡村旅游已经成为旅游业的重要组成部分，在其蓬勃发展的同时，随之而来的是乡村旅游的同质化现象严重。乡村旅游的同质化是指乡村旅游景点在设计和建筑结构及表现形式上的相互模仿，以致出现千篇一律的现象，主要表现为旅游资源、旅游项目等方面的同质化[2]。

为使乡村旅游不断健康发展，乡村旅游发展影响问题成为有关研究人员的重要课题。大多数学者通常是以实现乡村旅游目的地可持续发展为目的，通过划分不同的研究维度来识别各种因素对乡村旅游的影响，研究方法以实证研究为主，也有学者采用定性研究方法[5]。有关乡村旅游发展影响因素及影响问题的研究，无论是广度上还是深度上均体现出一定的现实性、突出性和趋势性，使乡村旅游发展影响因素的相关课题研究更加完善。目前乡村旅游发展影响问题研究多集中于定性分析和案例研究上，数学模型和定量分析运用得较少，有关研究仍然无法系统地识别出乡村旅游的影响机制，造成因素识别范围局限于旅游地内部或保障政策方面，以及重要影响因素缺失等问题[3]。

本文对乡村旅游发展关键影响因素进行识别，采用决策实验室法探究乡村旅游发展影响机制，期望更好地完善乡村旅游发展评价指标体系，能有助于乡村旅游政策的制定和实施。

## 二、关键影响因素与影响机制分析

### 1. 乡村旅游游客体验的基本影响因素整理

本文采用文献研究法、专家咨询和问卷调查对乡村旅游中游客体验的基本影响因素(PIFs)进行搜集与整理。具体方式为：①通过文献阅读，识别出乡村旅游中游客体验的 36 个影响因素。②与专家对这 36 个因素进行讨论、筛选，商讨得出 16 个因素。③设计 5 级量表的调查问卷，对 56 位有过乡村旅游经历的受访者进行调研，并对打分结果进行统计。最终确定乡村旅游中游客体验的 14 个基本影响因素，如表 16-1 所示。

**表 16-1　乡村旅游游客体验的基本影响因素**

| 维度 | 序号 | PIFs |
|---|---|---|
| 市场环境 | 1 | 旅游品牌化程度/知名度 |
| 旅游资源 | 2 | 乡村旅游资源丰富度及其品质 |
| | 3 | 乡村旅游资源的开发程度和稀有性 |
| 管理 | 4 | 经营管理水平 |
| | 5 | 旅游消费诚信度 |
| 基础设施 | 6 | 景点内交通方式多样性 |
| | 7 | 基础设施完整性 |
| | 8 | 乡村环境整洁度 |
| | 9 | 通信服务流畅性 |
| | 10 | 交通道路规划合理性 |
| | 11 | 引导标识合理性 |
| 文化 | 12 | 民俗、饮食文化独特性 |
| | 13 | 历史文化独特性 |
| 安全 | 14 | 旅游地安全性 |

**2. 决策实验室法用户调研与数据分析**

根据 14 个 PIFs 制作决策实验室法问卷对 40 位有乡村旅游经历和体验的受访者进行用户调研，收回有效问卷 40 份。对有效问卷数据进行平均化处理，得到平均化直接关系矩阵（见表 16-2）和标准化直接关系矩阵（见表 16-3）。

以决策实验室法进行运算，得到直接/间接关系矩阵，如表 16-4 所示。

表 16-2 平均化直接关系矩阵

| 因子 | 1 | 2 | 3 | 4 | 5 | 6 | 7 | 8 | 9 | 10 | 11 | 12 | 13 | 14 |
|---|---|---|---|---|---|---|---|---|---|---|---|---|---|---|
| 1 | 0.000 | 2.250 | 1.875 | 2.187 | 2.246 | 1.548 | 2.095 | 2.095 | 1.875 | 1.547 | 1.875 | 2.067 | 2.235 | 2.067 |
| 2 | 1.658 | 0.000 | 2.896 | 1.752 | 1.985 | 2.569 | 1.658 | 1.658 | 1.698 | 2.098 | 1.125 | 2.896 | 2.659 | 1.235 |
| 3 | 2.369 | 1.259 | 0.000 | 0.965 | 0.365 | 1.896 | 1.540 | 1.856 | 1.325 | 2.568 | 1.256 | 2.015 | 1.986 | 1.236 |
| 4 | 1.658 | 1.560 | 1.569 | 0.000 | 2.685 | 2.495 | 2.565 | 2.412 | 1.985 | 1.569 | 2.589 | 1.658 | 1.235 | 2.153 |
| 5 | 0.214 | 0.658 | 1.782 | 2.015 | 0.000 | 1.256 | 1.025 | 1.658 | 1.251 | 0.875 | 0.958 | 0.987 | 1.142 | 2.569 |
| 6 | 0.589 | 1.569 | 1.896 | 1.356 | 0.125 | 0.000 | 2.126 | 1.569 | 1.895 | 3.125 | 1.968 | 0.847 | 1.558 | 2.265 |
| 7 | 0.452 | 1.125 | 1.236 | 1.256 | 0.362 | 0.958 | 0.000 | 1.569 | 2.364 | 1.458 | 0.958 | 1.325 | 1.256 | 1.369 |
| 8 | 0.365 | 1.142 | 1.658 | 1.785 | 0.325 | 1.205 | 1.253 | 0.000 | 0.965 | 0.325 | 0.256 | 0.365 | 0.658 | 0.985 |
| 9 | 1.369 | 0.985 | 1.658 | 1.369 | 0.256 | 1.120 | 0.854 | 0.214 | 0.000 | 0.365 | 0.256 | 1.569 | 1.265 | 2.125 |
| 10 | 1.125 | 1.569 | 1.452 | 1.425 | 0.125 | 0.965 | 1.362 | 0.458 | 0.325 | 0.000 | 1.658 | 2.125 | 1.236 | 1.256 |
| 11 | 0.452 | 1.236 | 1.874 | 1.962 | 0.142 | 1.652 | 2.125 | 0.635 | 0.658 | 0.124 | 0.000 | 1.256 | 1.025 | 1.569 |
| 12 | 0.589 | 1.125 | 1.325 | 0.985 | 0.125 | 0.478 | 1.235 | 0.214 | 0.458 | 0.325 | 0.125 | 0.000 | 1.265 | 0.896 |
| 13 | 0.398 | 0.985 | 1.236 | 1.256 | 0.325 | 0.859 | 1.258 | 0.256 | 0.256 | 0.253 | 0.325 | 0.625 | 0.000 | 1.269 |
| 14 | 1.236 | 2.569 | 2.625 | 2.256 | 1.456 | 1.896 | 2.125 | 1.235 | 1.985 | 1.625 | 0.856 | 0.753 | 0.523 | 0.000 |

表 16-3　标准化直接关系矩阵

| 因子 | 1 | 2 | 3 | 4 | 5 | 6 | 7 | 8 | 9 | 10 | 11 | 12 | 13 | 14 |
|---|---|---|---|---|---|---|---|---|---|---|---|---|---|---|
| **1** | 0.000 | 0.086 | 0.071 | 0.083 | 0.085 | 0.059 | 0.080 | 0.080 | 0.071 | 0.059 | 0.071 | 0.079 | 0.085 | 0.079 |
| **2** | 0.063 | 0.000 | 0.110 | 0.067 | 0.075 | 0.098 | 0.063 | 0.063 | 0.064 | 0.080 | 0.043 | 0.110 | 0.101 | 0.047 |
| **3** | 0.090 | 0.048 | 0.000 | 0.036 | 0.013 | 0.072 | 0.058 | 0.071 | 0.050 | 0.098 | 0.048 | 0.077 | 0.075 | 0.047 |
| **4** | 0.063 | 0.059 | 0.060 | 0.000 | 0.102 | 0.095 | 0.098 | 0.092 | 0.075 | 0.060 | 0.099 | 0.063 | 0.047 | 0.082 |
| **5** | 0.008 | 0.025 | 0.068 | 0.077 | 0.000 | 0.048 | 0.039 | 0.063 | 0.047 | 0.033 | 0.036 | 0.037 | 0.043 | 0.098 |
| **6** | 0.022 | 0.060 | 0.072 | 0.051 | 0.004 | 0.000 | 0.081 | 0.060 | 0.072 | 0.119 | 0.075 | 0.032 | 0.059 | 0.086 |
| **7** | 0.017 | 0.043 | 0.047 | 0.048 | 0.013 | 0.036 | 0.000 | 0.060 | 0.090 | 0.055 | 0.036 | 0.050 | 0.048 | 0.052 |
| **8** | 0.013 | 0.043 | 0.063 | 0.068 | 0.012 | 0.046 | 0.047 | 0.000 | 0.036 | 0.012 | 0.009 | 0.013 | 0.025 | 0.037 |
| **9** | 0.052 | 0.037 | 0.063 | 0.052 | 0.009 | 0.042 | 0.032 | 0.008 | 0.000 | 0.013 | 0.009 | 0.060 | 0.048 | 0.081 |
| **10** | 0.043 | 0.060 | 0.055 | 0.054 | 0.004 | 0.036 | 0.052 | 0.017 | 0.012 | 0.000 | 0.063 | 0.081 | 0.047 | 0.048 |
| **11** | 0.017 | 0.047 | 0.071 | 0.075 | 0.005 | 0.063 | 0.081 | 0.024 | 0.025 | 0.004 | 0.000 | 0.048 | 0.039 | 0.060 |
| **12** | 0.022 | 0.043 | 0.050 | 0.037 | 0.004 | 0.018 | 0.047 | 0.008 | 0.017 | 0.012 | 0.004 | 0.000 | 0.048 | 0.034 |
| **13** | 0.015 | 0.037 | 0.047 | 0.048 | 0.012 | 0.032 | 0.048 | 0.009 | 0.009 | 0.009 | 0.012 | 0.023 | 0.000 | 0.048 |
| **14** | 0.047 | 0.098 | 0.100 | 0.086 | 0.055 | 0.072 | 0.081 | 0.047 | 0.075 | 0.062 | 0.032 | 0.028 | 0.020 | 0.000 |

表 16-4　直接/间接关系矩阵

| 因子 | 1 | 2 | 3 | 4 | 5 | 6 | 7 | 8 | 9 | 10 | 11 | 12 | 13 | 14 |
|---|---|---|---|---|---|---|---|---|---|---|---|---|---|---|
| 1 | 0.110 | 0.231 | 0.267 | 0.245 | 0.170 | 0.215 | 0.251 | 0.209 | 0.212 | 0.196 | 0.186 | 0.228 | 0.230 | 0.244 |
| 2 | 0.160 | 0.147 | 0.286 | 0.224 | 0.155 | 0.244 | 0.155 | 0.244 | 0.231 | 0.189 | 0.201 | 0.216 | 0.243 | 0.212 |
| 3 | 0.170 | 0.168 | 0.149 | 0.168 | 0.083 | 0.191 | 0.196 | 0.170 | 0.161 | 0.204 | 0.141 | 0.195 | 0.192 | 0.178 |
| 4 | 0.160 | 0.208 | 0.247 | 0.183 | 0.247 | 0.268 | 0.221 | 0.212 | 0.218 | 0.199 | 0.212 | 0.212 | 0.194 | 0.250 |
| 5 | 0.080 | 0.125 | 0.189 | 0.181 | 0.059 | 0.151 | 0.154 | 0.148 | 0.142 | 0.126 | 0.114 | 0.134 | 0.137 | 0.203 |
| 6 | 0.114 | 0.180 | 0.221 | 0.183 | 0.075 | 0.128 | 0.219 | 0.162 | 0.184 | 0.226 | 0.168 | 0.158 | 0.176 | 0.215 |
| 7 | 0.086 | 0.132 | 0.159 | 0.145 | 0.066 | 0.131 | 0.105 | 0.134 | 0.171 | 0.136 | 0.106 | 0.141 | 0.135 | 0.151 |
| 8 | 0.070 | 0.114 | 0.150 | 0.142 | 0.057 | 0.122 | 0.132 | 0.067 | 0.108 | 0.085 | 0.069 | 0.089 | 0.097 | 0.118 |
| 9 | 0.114 | 0.123 | 0.166 | 0.142 | 0.063 | 0.130 | 0.131 | 0.085 | 0.082 | 0.096 | 0.078 | 0.143 | 0.131 | 0.170 |
| 10 | 0.109 | 0.149 | 0.167 | 0.151 | 0.060 | 0.132 | 0.158 | 0.098 | 0.100 | 0.086 | 0.133 | 0.171 | 0.137 | 0.146 |
| 11 | 0.086 | 0.137 | 0.181 | 0.169 | 0.061 | 0.157 | 0.185 | 0.107 | 0.116 | 0.096 | 0.074 | 0.139 | 0.129 | 0.159 |
| 12 | 0.066 | 0.099 | 0.119 | 0.098 | 0.041 | 0.079 | 0.112 | 0.061 | 0.074 | 0.069 | 0.051 | 0.060 | 0.105 | 0.096 |
| 13 | 0.060 | 0.097 | 0.120 | 0.111 | 0.049 | 0.096 | 0.117 | 0.065 | 0.070 | 0.062 | 0.085 | 0.060 | 0.113 | 0.113 |
| 14 | 0.145 | 0.223 | 0.258 | 0.224 | 0.132 | 0.208 | 0.229 | 0.165 | 0.201 | 0.188 | 0.139 | 0.167 | 0.153 | 0.149 |

计算各因素的中心度值与原因度值，结果如表16-5所示。

表16-5 各因素的中心度值与原因度值

| 因素 | 中心度值 | 因素 | 原因度值 |
|---|---|---|---|
| 因素4 | 5.353 613 | 因素1 | 1.433 135 0 |
| 因素2 | 5.066 957 | 因素2 | 0.795 026 5 |
| 因素3 | 5.041 334 | 因素5 | 0.693 253 3 |
| 因素14 | 4.993 476 | 因素4 | 0.643 122 2 |
| 因素6 | 4.648 626 | 因素6 | 0.178 455 4 |
| 因素1 | 4.537 611 | 因素14 | 0.177 693 6 |
| 因素7 | 4.292 929 | 因素11 | 0.103 477 1 |
| 因素10 | 3.796 139 | 因素10 | −0.194 343 9 |
| 因素9 | 3.701 527 | 因素3 | −0.304 127 2 |
| 因素11 | 3.493 745 | 因素9 | −0.384 731 2 |
| 因素12 | 3.314 127 | 因素8 | −0.458 772 2 |
| 因素13 | 3.304 650 | 因素7 | −0.690 472 8 |
| 因素8 | 3.304 613 | 因素13 | −0.942 852 6 |
| 因素5 | 3.205 210 | 因素12 | −1.048 863 0 |

当中心度值越大时，表示此因素占旅游体验整体评估的重要性越大。乡村旅游中影响游客旅游体验的因素的重要性依次为："因素4：经营管理水平""因素2：乡村旅游资源丰富度及其品质""因素3：乡村旅游资源的开发程度和稀有性""因素14：旅游地安全性""因素6：景点内交通方式多样性""因素1：旅游品牌化程度/知名度""因素7：基础设施完整性""因素10：交通道路规划合理性""因素9：通信服务流畅性""因素11：引导标识合理性""因素12：民俗、饮食文化独特性""因素13：历史文化独特性""因素8：乡村环境整洁度""因素5：旅游消费诚信度"。

当原因度值正值越大时，表示此因素会更多地影响其他评估因素；而当原因度负值越大时，表示此因素更容易被其他因素所影响。例如"因素 1：旅游品牌化程度/知名度"的原因度值为正值且明显高于其他因素的原因度值，因此，它是影响其他因素的最主要因素。

**3. 因果图**

绘制因果图，如图 16-1 所示。

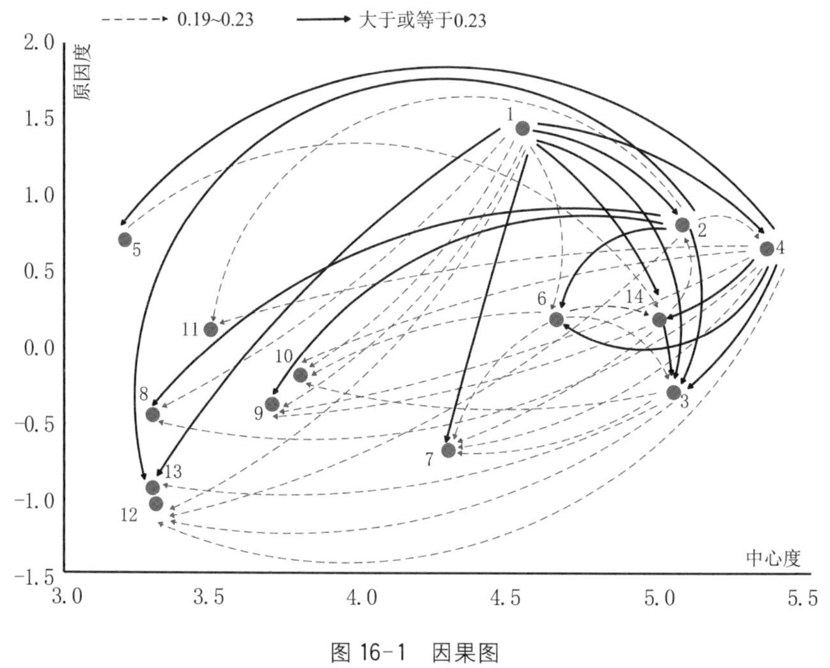


图 16-1　因果图

**4. 游客体验的关键影响因素分析**

如表 16-6 所示，因素 4、因素 2、因素 3 的中心度值位列前三名，可见，"因素 4：经营管理水平""因素 2：乡村旅游资源丰富度及其品质""因素 3：乡村旅游资源的开发程度和稀有性"是乡村旅游中游客体验的关键影响因素。此外，"因素 13：历史文化独特性""因素 8：乡村环境整洁度""因素 5：旅游消费诚信度"等三个因素的中心度值排在后三位，表明这三个因素对游客体验的影响相对较小。

表 16-6　中心度值的前三项与后三项

| 中心度值前三项 | 中心度值后三项 |
|---|---|
| 因素 4：经营管理水平 | 因素 13：历史文化独特性 |
| 因素 2：乡村旅游资源丰富度及其品质 | 因素 8：乡村环境整洁度 |
| 因素 3：乡村旅游资源的开发程度和稀有性 | 因素 5：旅游消费诚信度 |

如表 16-7 所示，原因度值的前三项是“因素 1：旅游品牌化程度/知名度”“因素 2：乡村旅游资源丰富度及其品质”“因素 5：旅游消费诚信度”。它们分别是总体上影响其他因素的方面，尤其是“因素 1：旅游品牌化程度/知名度”对其他因素的影响相对很大。

表 16-7　原因度值的前三项与后三项

| 原因度值前三项 | 原因度值后三项 |
|---|---|
| 因素 1：旅游品牌化程度/知名度 | 因素 7：基础设施完整性 |
| 因素 2：乡村旅游资源丰富度及其品质 | 因素 13：历史文化独特性 |
| 因素 5：旅游消费诚信度 | 因素 12：民俗、饮食文化独特性 |

## 三、结论与建议

本文基于文献检索、专家意见和游客打分，整理和确定了乡村旅游中游客体验的 14 个基本影响因素。通过决策实验室法研究发现，“因素 4：经营管理水平”“因素 2：乡村旅游资源丰富度及其品质”“因素 3：乡村旅游资源的开发程度和稀有性”是对乡村旅游中游客体验起到支配性影响作用的因素。可见，提高乡村旅游景点的经营管理水平、提升乡村旅游资源的丰富度和品质、保持乡村旅游资源的稀有性，是提升乡村旅游中游客体验的最重要途径。

本文还发现，“因素 1：旅游品牌化程度/知名度”“因素 2：乡村旅游资源丰富度及其品质”“因素 5：旅游消费诚信度”是影响其他因素的因素。尤其是“因素 1：旅游品牌化程度/知名度”对其他因素产生最大影响作用。旅游品牌化程度与知名度是可以通过塑造而改变的因素，旅游消费诚信度也是可以通过不断提升而改变的因素。不过，乡村旅游资源丰富度及其品质更基于旅游资源先天禀赋，相对来说是较难改变的，但也可以多多挖掘潜质，邀请专业机构进行评估。在发展乡村旅游时，应注重建设旅游品牌、提升知名度，打造出有个性的乡村旅游品牌，从而带动其他因素，从整体上提升乡村旅游中游客体验水平；还应提高乡村旅游中多方面的诚信度，加强对服务人员及相关经营者的管理与培训。

我国乡村旅游不断发展，显现出蓬勃的生机，应继续对现有的旅游乡村进行统一规划、设计和改造，统筹安排院落空间布局、基础设施建设、环境改善、景观保护等方面的内容，形成具备现代生活条件、功能较为齐全、以旅游接待为主的服务型乡村旅游品牌[4]。在乡村旅游开发过程中，乡村需要在保持原来生活方式的基础上逐步发展起来，把旅游和村落居住环境有机结合，使旅游与当地农业生产、农民生活和农村自然生态环境紧密结合，持续不断地吸引游客、提升游客体验水平。

## 参考文献

[1] 李剑锋，黄泰圭，屈学书. 近 30 年来我国乡村旅游政策演进与前瞻[J]. 资源开发与市场，2019，35(7)：968-972.

[2] 何成军，李晓琴，程远泽. 乡村旅游与美丽乡村建设协调度评价及障碍因子诊断[J]. 统计与决策，2019，35(12)：54-57.

[3] 隋明，张阳，荣加超，等. 乡村振兴背景下乡村旅游经济产业的优化升级[J]. 现代农村科技，2019(6)：93-94.

[4] 陈小云. 基于游客参与的乡村旅游开发策略研究[J]. 安徽商贸职业技术学院学报(社会科学版)，2029，18(2)：26-29.

[5] 卢小丽，赵越，王立伟. 基于 DEMATEL 方法的乡村旅游发展影响因素研究[J]. 资源开发与市场，2017，33(2)：209-213，243.

第十七章

# 药品零售业一线员工的工作满意度

## 一、引言

药品零售业是一种特殊的零售行业，在重视经济效益的基础上，更要关注其产生的社会效益[1]。对于药品零售行业的一线销售员工来讲，他们既要提供优质、周到的服务，又要保证正确的药品发放和使用咨询，其工作难度是高于其他普通零售行业的，需要具有更专业的职业素质和更严谨的服务态度。药店的基本功能是为顾客提供以药品为中心的健康产品、以药学服务为中心的健康服务[2]。药品有其特殊性质，关系到消费者的健康甚至生命安全，所以需要一线员工掌握药品的药学知识并及时向用户说明，在工作中需秉持顾客健康第一的态度。国外有研究指出[3]，此类需要花费大量时间精力与服务对象打交道，并且工作内容围绕生理、精神问题（如疾病、失落、恐惧）的工作，往往使工作人员长期处在沮丧和压力之中，每天面对患者或患者家属的药品零售业一线员工就可能处在这种压力之下。长此以往，对于服务对象来说，会导致药品使用错误从而引发危险；对于企业来说，会导致经济收益降低、企业口碑变差；对于员工本人来说，会导致工作满意度降低、强烈的离职意愿等[4]。

因此，研究药品零售行业一线员工工作满意度的影响问题很有必要，有助于针对性地提出提高他们工作满意度的对策，有助于减少药品零售行业从业人员流失、有效提高员工服务质量和职业素养、间接提升企业的经济效益与社会效益，为维护国民健康提供坚实的后盾。

工作满意度是组织行为学中的重要概念，其较为精练的定义是罗宾斯(Robbins)于1997年提出的“个人对他所从事的工作的一般态度”。工作满意度之所以引起企业与管理学学者的格外关注是因为它和员工的绩效、出勤、流失等影响企业经营的行为显著相关，可为企业人力资源管理提供重要的依据[5]。

霍波克(Hoppock)最早在其著作 *Job Satisfaction* 中提出工作满意度的概念，认为可能影响工作满意度的要素包括疲劳、工作单调、工作条件和领导方式等；后来弗瑞德兰德(Friedlander)认为社会及技术环境因素、自我实现因素、被人承认的因素也是工作满意度的组成维度。目前对于员工工作满意度的研究大多基于管理学角度，关于特定行业的研究主要集中于教师、医护人员、危险作业者等工作性质特殊的人群[6]，而对药品零售行业员工进行的工作满意度研究不足。为了找出针对药品零售业一线员工工作满意度的影响因素，本项研究工作邀请两位药品零售业一线员工进行了深度访谈。在访谈中发现：员工对工作难度的感知并不仅来源于工作本身；一线员工作为处在组织边界的角色，会同时面对组织内外部不同角色主体的期望，这使得他们有更高的角色压力。角色压力是对药品零售业一线员工工作满意度影响较大的因素，这种压力来自三个来源[7]：角色模糊，员工不清楚别人对自己的角色期望是什么，或者他们对自己的行为所引起的结果缺乏预期；角色冲突，两种以上的角色期望不协调或不相容的程度；角色超载，角色期望超出了一线服务员工的能力和资源限制。这种压力导致职业倦怠并最终对工作结果（工作满意度、组织承诺、离职意向等）产生影响（见图 17-1）。

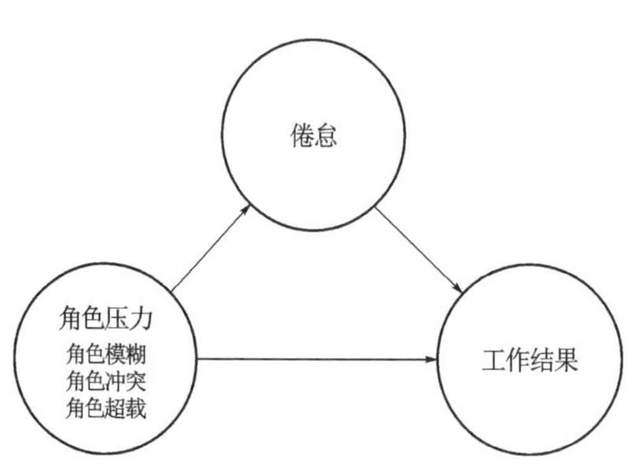


图 17-1 角色压力、倦怠和工作结果的关系

## 二、关键影响因素分析

### 1. 基本影响因素整理

药品零售行业的职业压力来源与普通服务行业和医护人员的压力来源有共性的一面，因此有关研究具有借鉴意义。结合关于工作满意度的文献检索和用户访谈中得到的角色压力相关的影响因素，基于药品零售业一线员工的销售工作[8]，本文整理出 6 个维度下的共 42 个基本影响因素（PIFs），如表 17-1 所示。

表 17-1　药品零售业一线员工工作满意度的基本影响因素

| 维度 | 编号 | PIFs |
| --- | --- | --- |
| 个人因素 | 1-1 | 工作与家庭冲突 |
| | 1-2 | 心理特征 |
| | 1-3 | 价值观 |
| | 1-4 | 健康状况 |
| 工作本身因素 | 2-1 | 工作负荷与强度 |
| | 2-2 | 时间占用情况 |
| | 2-3 | 薪资水平 |
| | 2-4 | 是否有安全风险 |
| | 2-5 | 职业前景与发展 |
| 角色因素 | 3-1 | 同时承担多种职责角色 |
| | 3-2 | 自我期望与他人期望是否冲突 |
| | 3-3 | 对角色的理解是否准确 |
| | 3-4 | 转换角色时是否与旧角色冲突 |
| | 3-5 | 职责不明、不了解工作目标 |
| | 3-6 | 缺乏掌控感 |
| | 3-7 | 付出与回报不成比例 |
| | 3-8 | 个人能力达不到工作要求 |
| | 3-9 | 跨边界角色承载多重期望 |
| | 3-10 | 承担过多的责任和承诺 |

（续表）

| 维度 | 编号 | PIFs |
|---|---|---|
| 边界人际因素 | 4-1 | 是否处在组织边界 |
| | 4-2 | 职业竞争激烈程度 |
| | 4-3 | 同事间的合作帮助 |
| | 4-4 | 顾客的态度和需求 |
| | 4-5 | 面对上级的交流压力 |
| | 4-6 | 人与人之间的信任程度 |
| | 4-7 | 交往频率 |
| | 4-8 | 观念兴趣爱好的一致性 |
| 组织因素 | 5-1 | 清晰的组织结构与职能 |
| | 5-2 | 规章制度的约束和政策特征 |
| | 5-3 | 政策公平性、规范性 |
| | 5-4 | 领导风格和组织文化 |
| | 5-5 | 对员工利益的支持的保证 |
| | 5-6 | 意见受重视程度(决策机会) |
| 环境因素 | 6-1 | 气温是否适宜 |
| | 6-2 | 噪声大小 |
| | 6-3 | 拥挤程度 |
| | 6-4 | 工作环境污染 |
| | 6-5 | 柜台的可操作性 |
| | 6-6 | 是否有危险隐患 |
| | 6-7 | 文化：职业歧视 |
| | 6-8 | 政治：政策关怀 |
| | 6-9 | 法制：相关法律法规是否健全 |

**2. 主要影响因素筛选**

结合用户访谈进行定性分析，并对基本影响因素进行筛选和分析。鉴于一些其他行业工作满意度的影响因素在药品零售业并不明显(如工作内容变动大等)，以及存在含义相近、表述类似的因素(如职责不明和缺乏掌控感)等,本文进一步进行归类和概括性描述,整理出13个主要影响因素(MIFs),如表17-2所示。

表17-2 药品零售业一线员工工作满意度的主要影响因素

| 维度 | 编号 | MIFs |
|---|---|---|
| 个人因素 | 1 | 工作与个人生活的平衡 |
| 工作本身因素 | 2 | 工作难度(工作负荷及时间占用) |
| | 3 | 薪资与未来发展 |
| 角色因素 | 4 | 同时担任多个职务 |
| | 5 | 不清楚职责导致事倍功半 |
| | 6 | 个人能力达不到工作要求 |
| 边界人际因素 | 7 | 与同事相处的融洽程度 |
| | 8 | 顾客的态度与服务难度 |
| | 9 | 面对上级的压力 |
| 组织因素 | 10 | 公司管理的可信赖度 |
| | 11 | 企业文化与领导风格 |
| 环境因素 | 12 | 自然工作条件的舒适度 |
| | 13 | 社会与法制保障 |

**3. 决策实验室法用户调研与数据分析**

设计和制作基于决策实验室法的问卷进行用户调研,邀请受访者将13个MIFs进行两两比较,评判影响方向和程度。问卷设定5阶量表,即"无影响(0分)""轻微影响(1分)""中度影响(2分)""非常影响(3分)""绝对影响(4分)"。

本次调研邀请哈尔滨市道里区多家大药店的一线员工填写问卷,其年龄分布在24~55岁间。对收回的问卷进行筛选,最终得到27份有效问卷数据。

对有效问卷数据进行平均化和标准化处理，使用决策实验室法运算得到直接/间接关系矩阵，如表 17-3 所示。求取该矩阵元素值的四分位数(0.425)作为门槛值，高于门槛值则表示两 MIFs 间影响作用达到较强程度。

**表 17-3　直接/间接关系矩阵**

| 因子 | 1 | 2 | 3 | 4 | 5 | 6 | 7 | 8 | 9 | 10 | 11 | 12 | 13 |
|---|---|---|---|---|---|---|---|---|---|---|---|---|---|
| **1** | 0.314 | 0.392 | 0.417 | 0.414 | 0.382 | 0.404 | 0.387 | 0.384 | 0.386 | 0.394 | 0.399 | 0.364 | 0.382 |
| **2** | **0.457** | 0.383 | **0.483** | **0.489** | **0.459** | **0.476** | **0.464** | **0.461** | **0.462** | **0.476** | **0.476** | **0.443** | **0.451** |
| **3** | **0.459** | **0.467** | 0.409 | **0.496** | **0.464** | **0.479** | **0.466** | **0.461** | **0.473** | **0.485** | **0.483** | **0.443** | **0.462** |
| **4** | 0.401 | 0.410 | **0.431** | 0.357 | 0.405 | 0.423 | 0.404 | 0.397 | 0.411 | 0.423 | 0.418 | 0.388 | 0.401 |
| **5** | 0.296 | 0.314 | 0.332 | 0.333 | 0.265 | 0.328 | 0.321 | 0.325 | 0.316 | 0.329 | 0.323 | 0.303 | 0.308 |
| **6** | 0.324 | 0.332 | 0.353 | 0.348 | 0.336 | 0.287 | 0.336 | 0.334 | 0.335 | 0.348 | 0.338 | 0.319 | 0.323 |
| **7** | 0.280 | 0.297 | 0.321 | 0.316 | 0.306 | 0.313 | 0.255 | 0.299 | 0.302 | 0.323 | 0.314 | 0.296 | 0.293 |
| **8** | 0.396 | 0.407 | **0.426** | **0.428** | 0.413 | 0.424 | 0.419 | 0.342 | 0.410 | **0.426** | 0.424 | 0.406 | 0.411 |
| **9** | 0.419 | **0.429** | **0.453** | **0.456** | **0.433** | **0.446** | **0.439** | **0.437** | 0.363 | **0.454** | **0.448** | 0.417 | **0.425** |
| **10** | 0.395 | 0.406 | **0.433** | **0.429** | 0.413 | 0.420 | 0.421 | 0.409 | 0.419 | 0.358 | 0.423 | 0.403 | 0.403 |
| **11** | 0.399 | 0.407 | **0.433** | **0.427** | 0.413 | 0.418 | 0.419 | 0.409 | 0.417 | **0.437** | 0.353 | 0.396 | 0.402 |
| **12** | 0.396 | 0.407 | 0.424 | 0.423 | 0.407 | 0.416 | 0.410 | 0.401 | 0.404 | 0.420 | 0.419 | 0.325 | 0.386 |
| **13** | 0.310 | 0.319 | 0.333 | 0.336 | 0.319 | 0.325 | 0.318 | 0.320 | 0.315 | 0.329 | 0.324 | 0.305 | 0.260 |

注：粗体表示数值高于门槛值(0.425)。

运用决策实验室法计算 MIFs 的中心度值和原因度值，将中心度和原因度的值分别加以排序，结果如表 17-4 所示。

表 17-4　中心度值与原因度值

| MIFs | 中心度值 | MIFs | 原因度值 |
| --- | --- | --- | --- |
| 因素 3 | **11.297** | 因素 2 | 1.011 |
| 因素 2 | **10.952** | 因素 3 | 0.779 |
| 因素 9 | **10.632** | 因素 9 | 0.607 |
| 因素 10 | **10.534** | 因素 12 | 0.429 |
| 因素 4 | **10.516** | 因素 8 | 0.354 |
| 因素 11 | **10.473** | 因素 11 | 0.189 |
| 因素 8 | **10.309** | 因素 1 | 0.184 |
| 因素 12 | 10.047 | 因素 10 | 0.133 |
| 因素 1 | 9.862 | 因素 4 | 0.018 |
| 因素 6 | 9.473 | 因素 13 | −0.795 |
| 因素 5 | 9.108 | 因素 6 | −0.849 |
| 因素 13 | 9.022 | 因素 5 | −0.924 |
| 因素 7 | 8.976 | 因素 7 | −1.146 |
| 中心度平均值 | 10.092 | | |

注：粗体表示中心度值高于所有中心度的平均值(10.092)。

从表 17-4 可见，中心度高于平均值的 7 个 MIFs 由高到低依次为：薪资与未来发展、工作难度、面对上级的压力、公司管理的可信赖度、同时担任多个职务、企业文化与领导风格、顾客的态度与服务难度。这些因素是影响药品零售业一线员工工作满意度的主要方面。

此外，工作难度等 9 个 MIFs 的原因度为正值，尤其是工作难度因素的原因度值明显高于其他因素，表明它是对其他因素产生影响作用的最重要方面。

## 三、结论分析与对策建议

### 1. 原因度与中心度分析

表 17-5、表 17-6 分别列出了中心度值、原因度值的前三项和后三项。

表 17-5　中心度值的前三项与后三项

| 中心度值前三项 | 中心度值后三项 |
|---|---|
| 3 薪资与未来发展 | 5 不清楚职责导致事倍功半 |
| 2 工作难度(工作负荷及时间占用) | 13 社会与法制保障 |
| 9 面对上级的压力 | 7 与同事相处的融洽程度 |

表 17-6　原因度值的前三项与后三项

| 原因度值前三项 | 原因度值后三项 |
|---|---|
| 2 工作难度(工作负荷及时间占用) | 6 个人能力达不到工作要求 |
| 3 薪资与未来发展 | 5 不清楚职责导致事倍功半 |
| 9 面对上级的压力 | 7 与同事相处的融洽程度 |

中心度值前三项是“薪资与未来发展”“工作难度”“面对上级的压力”，可见这些方面是对药品零售业一线员工工作满意度问题起到支配性作用的关键影响因素。中心度值后三项是“与同事相处的融洽程度”“社会与法制保障”“不清楚职责导致事倍功半”，可见这些方面对药品零售业一线员工工作满意度的影响较弱。

原因度值的前三项是“工作难度”“薪资与未来发展”“面对上级的压力”，它们主要影响其他因素。原因度值的后三项是“与同事相处的融洽程度”“不清楚职责导致事倍功半”“个人能力达不到工作要求”，它们更多地受到来自其他因素的影响。

**2. 因果图**

绘制因果图，如图 17-2 所示，横坐标为中心度，纵坐标为原因度。在因果图中，实线表示因素间具有强影响关系(>0.462)。0.462 取自高于门槛值的所有值的三分之二位置处，虚线表示因素间具有较强影响关系(0.425～0.462)。

**3. 对策建议**

(1) 从中心度指标看，工作难度是工作满意度最关键的影响因素。因此，为药品零售业一线员工设定合适的工作难度是改善和提升员工工作满

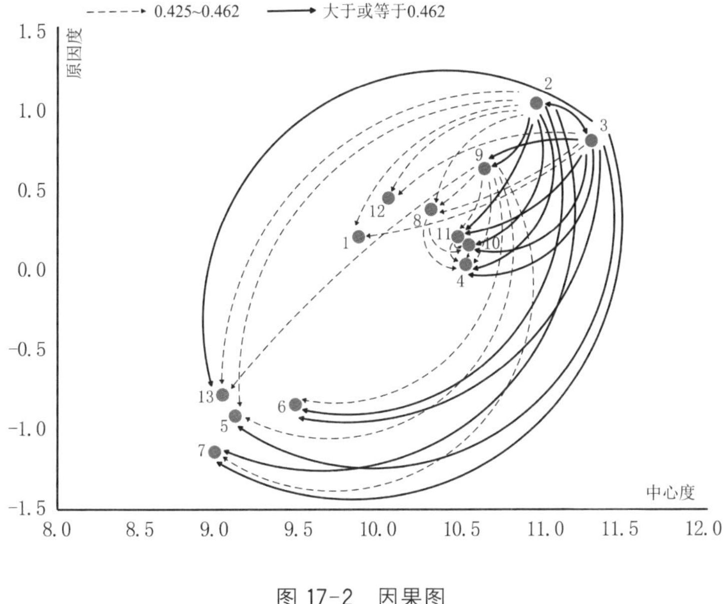


图 17-2　因果图

意度的最重要的切入点和解决问题的抓手。同时看到，工作难度因素的原因度值也较高，这更突出了这一切入点和抓手的重要性，突出了工作难度适度性的重要意义，因为解决好工作难度问题也会很大地影响到其他因素相关问题的改善和解决。

如前所述，药品零售业一线员工的工作难度较高，主要是由于其职责的特殊性。为了保障患者的健康，一线员工必须有足够的医药专业知识、过硬的业务技能、药事法律法规的熟练掌握和药学相关的道德教育，所以应加强对员工的业务技能培训，鼓励员工提升专业素质。

由于行业对一线员工的要求较高，上级领导在布置和审核工作时往往会较为严苛。为了降低一线员工对工作难度的感觉，上级应当在保证工作质量的基础上鼓励员工，提升亲和力，降低员工面对上级时的压力。

此外，提高薪资水平和晋升机制也能够有效地改善工作满意度。尤其是遇到传染病疫情等公共卫生事件突然发生时，一线员工的工作难度会大大增加，物质奖励能够改善员工工作满意度。

(2) 从原因度上看，“工作本身因素”维度下“薪资与未来发展”“工作难度”总体上分别对其他因素产生重要影响作用，对角色因素维度、边界人际因素维度、组织因素维度下的因素都有较强的影响。边界人际因素维度下“面对上级的压力”和环境因素维度也会对其他因素有较大程度的影响。个人因素维度、角色因素维度、组织因素维度对其他因素的影响较弱。因此，改善药品零售业一线员工的工作满意度，可从原因度值较高的工作本身、面对上级的压力、物理工作环境等出发。

物理工作环境由气温湿度条件、噪声大小、拥挤程度、是否有污染、是否有危险隐患、柜台的可操作性等多方面组成。可通过改善环境条件来为一线员工提供舒适、优美、整洁的工作空间，这样有助于改善员工自身的工作满意度，也可改善与顾客沟通的质量，具体的改进措施可以是：可针对有气味的药物设计空气循环系统来改善室内气味状况；通过人性化的设计改进药品柜台以提高可操作性，减少员工弯腰、蹲起、摸高等动作，由此可以提高工作效率，减少劳损的发生；对药店空间的布局重新规划，避免拥挤现象。

(3) 在强影响关系的因素间，“工作难度”“薪资与未来发展”“公司管理的可信赖度”“企业文化与领导风格”四个因素有着更深层的紧密关系，如图17-3所示。在此关系中，优厚的薪资与大的未来发展空间让一线员工倾向于认可组织的管理能力，同时也更接受企业的文化和领导风格。从企业管理的角度，合理地调整工作难度、适当提高薪水和晋升机会能够有效地提高员工的企业认同感和凝聚力，提升企业形象，从而提高员工的绩效及工作满意度，创造更多经济和社会价值。

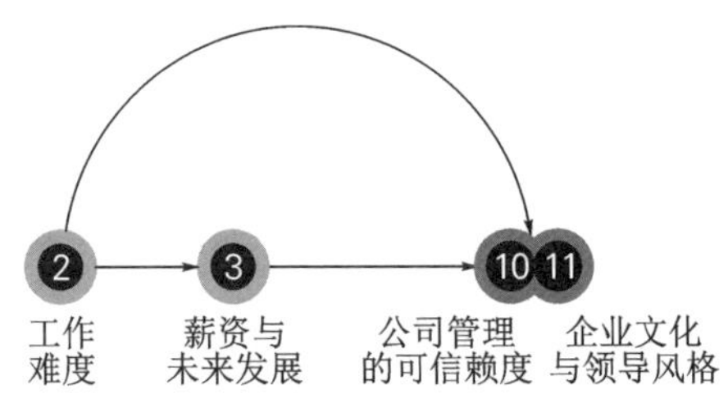


图 17-3　强影响中的二级关联

(4) 药品零售业一线员工处在组织的边界，同时承受组织内部与组织外部的角色期待[6]，这使得一线员工的角色压力大于其他员工。在边界人际因素的分析中也印证了这一观点，“顾客的态度与服务难度”和“面对上级的压力”就是对应组织外部与内部的角色期待，两个因素皆有较高的中心度，对整体工作满意度影响较大且对角色因素的影响也比较明显。

## 参考文献


[1] 李展城,舒友平,肖冬.基层药品零售业药学从业者的素质研究[J].首都食品与医药,2016,23(10):12-13.

[2] 秦晓瑞,陈玉文,范玥.论药店服务的类型与开展[J].中国药房,2007(1):78-80.

[3] Maslach C, Jackson S E, Leiter M P. Maslach burnout inventory manual[M]. Palo Alto: Consulting Psychologists Press, 1996.

[4] Mott D A, Doucette W R, Gaither C A, et al. Pharmacists' attitudes toward worklife: results from a national survey of pharmacists[J]. Journal of the American Pharmacists Association, 2004,44(3), 326-336.

[5] 张磊.企业员工满意度与顾客满意度研究[D].大庆:大庆石油学院,2006.

[6] 陈素坤,王秋霞.护士职业压力与心理适应的调查研究[J].中华护理杂志,2002(9):659-662.

[7] 张辉,牛振邦.特质乐观和状态乐观对一线服务员工服务绩效的影响:基于"角色压力—倦怠—工作结果"框架[J].南开管理评论,2013(1):110-121.

[8] 赵建芹,吴幼萍,陈永法.国内外药店服务研究比较[J].中国药师,2013(6):916-918.